KB275408

뇌는 어떻게 나를 조종하는가

No Self, No Problem: How Neuropsychology Is Catching Up to Buddhism
© 2019 by Chris Niebauer Ph.D.
Original first edition published by Hierophant Publishing All rights reserved.

The Korean Language edition © 2026 Clab Books
The Korean translation rights arranged with Hierophant Publishing through
Enters Korea Co., Ltd.

이 책의 한국어판 저작권은 ㈜엔터스코리아를 통한
저작권사와의 독점 계약으로 클랩북스가 소유합니다.
저작권법에 의하여 한국 내에서 보호를 받는 저작물이므로
무단전재와 무단복제를 금합니다.

NO SELF
NO PROBLEM

뇌는 어떻게 나를 조종하는가

← 과몰입하는
좌뇌

크리스 나이바우어 지음

→ 침묵하는
우뇌

김윤종 옮김

클랩북스

내 머릿속에 알고 보니
거짓말 장치가 작동하고 있었다면?

1960년대, 간질 치료를 위해 뇌량을 절제한 환자들이 등장한다.

좌뇌와 우뇌를 잇는 뇌량이 끊기자
양쪽 뇌를 독립적으로 연구할 수 있는 길이 열렸다.

세계적인 뇌과학자 마이클 가자니가_{Michael Gazzaniga}**는**
분리뇌 환자 조지에게 한 가지 실험을 제안한다.

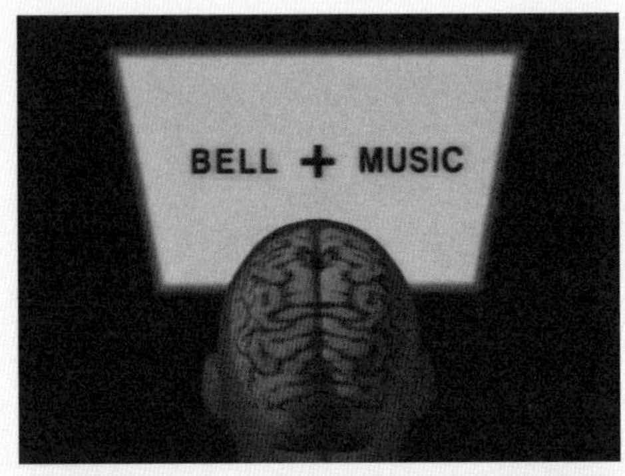

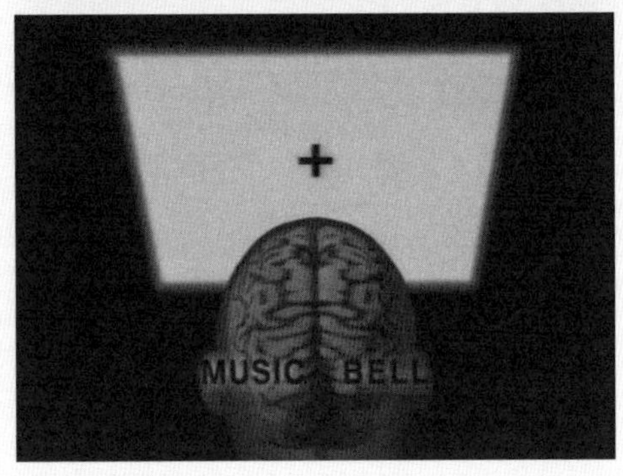

"화면에 나오는 단어를 읽고
그것과 관련된 그림을 골라 주세요."

조지는 화면에 떠오른 두 단어를 본다.
정보는 뇌에 교차로 입력되고,
분리뇌는 좌뇌와 우뇌에서 **각각의 단어를 따로 처리한다.**

‘Bell(종)’ → 말은 못 하지만 이해하는 우뇌
‘Music(음악)’ → 말을 담당하는 좌뇌

단어가 사라지자
조지는 **‘종이 있는 교회’ 그림을 선택했다.**

이유를 묻자, 그는 말했다.

"제가 본 단어는 '음악'일 거예요.
종을 고른 이유는, 밖에서 교회 종소리가 계속 들렸거든요."

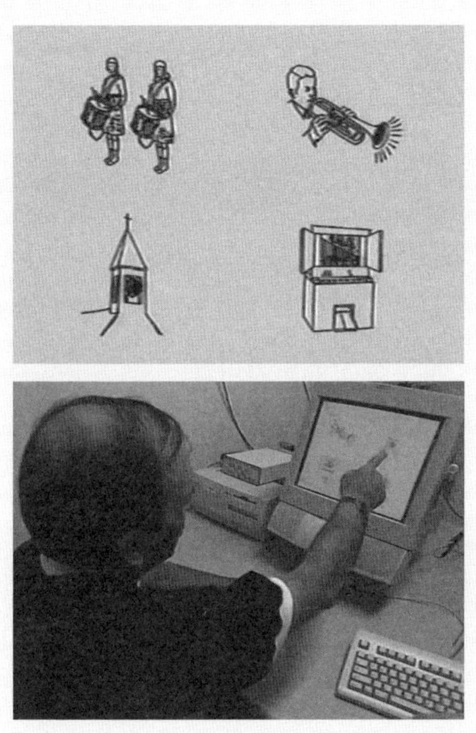

하지만 화면에는 트럼펫, 북, 피아노 등
‘음악’을 명확히 나타내는 그림도 많았다.

그럼에도 조지는 **종 그림을 가리켜
그럴듯한 이유를 만들어 냈다.**

우리는 여기서 두 가지 사실을 알 수 있다.

**1. 우뇌는 말은 못 해도 정보를 이해한다.
2. 좌뇌는 자신이 모르는 내용을 설명하기 위해
언제든지 그럴듯한 거짓말을 할 수 있다.**

"좌뇌는 일종의 해석 장치다.

중요한 것은, 때때로 완전히 틀린 설명을

한다는 것이다.

오직 상황을 그럴듯하게 설명하기 위해서."

- 마이클 가자니가

《뇌는 어떻게 나를 조종하는가》는 우리가 너무도 당연하게 느껴 온 '나'라는 감각을 근본부터 다시 묻는 논란의 책이다. 저자는 방대한 신경심리학 연구와 실험적 근거를 토대로 자아 개념이 좌뇌가 만들어 낸 환상이라 밝혔다. 우리가 겪는 많은 고통과 오해도 바로 이 '이야기하는 좌뇌' 때문이란 것이다. 이 과학적 토대로 밝혀진 진실은 나에 대한 집착이 불행의 시작이라는 동양철학의 조언과도 일맥상통한다. 뇌과학과 동양철학이 만나는 이 흥미로운 여정에 참여한다면, 삶을 고통스럽게 하던 내면의 목소리에서 한 발 떨어져 새로운 '나'를 경험하게 될 것이다. 책을 읽고 아무런 실천을 하지 않는다면, 역시 좌뇌에 속고 있을 가능성이 높다. 말뿐인 나를 극복해 인생의 의미를 찾아 떠나고픈 독자들에게 일독을 권한다.

— 김대수 KAIST 뇌인지과학과 전임교수

뇌과학 유튜버이자 심리학 강사로서, 수많은 뇌과학 도서를 읽어 봤지만 이렇게 명쾌한 지혜를 주는 책은 없었다. 《뇌는 어떻게 나를 조종하는가》는 우리를 고통 속에 가두는 '생각의 감옥'을 부숴 버리는 망치이자, 가장 차가운 과학의 언어로 뜨거운 해방감을 선사해 주는 책이다.

정확히 1년 전, 이 책의 이야기를 압축한 소개 영상을 만들면서, '좌뇌가 만들어 낸 자아의 허상'이라는 주제를 과연 사람들이 좋아할지 걱정한 적이 있다. 하지만 영상은 폭발적인 조회수를 기록했고 댓글 창은 이런 말로 가득 찼다. "평생 나를 괴롭히던 목소리의 정체를 이제야 알았네요." "책이 절판됐는데 어디서 구할 수 있을까요?"

우리는 이 책을 통해 삶은 이겨내야 하는 심각한 전투가 아니라는 것을 배운다. 금붕어는 자살하지 않는다. 오직 인간만이 뇌가 생성해 내는 언어를 통해 아직 오지 않은 미래의 불행을 상상하고 괴로워한다. 생각의 부작용에서 벗어나 평온함을 찾고 싶은 모든 이에게 이 책을 추천한다.

— **박주형** 유튜브 〈심리학 고양이〉 운영자,
서울대 평생교육원 「찾아가는 대학」 심리학 강사

차례

마음, 이를 정복한 자에게는 최고의 벗.
그렇지 못한 자에게는 최대의 적.
-《바가바드 기타》

내가 마음의 작동 원리에 흥미를 갖게 된 건 스무 살 때 아버지가 돌아가신 뒤부터다. 그 사건은 내게 큰 충격을 안겨 주었고 이때 겪은 깊은 고뇌는 나를 자연스레 마음의 작동 방식에 대한 공부로 이끌었다. 이 일로 나는 나 자신과 다른 사람들을 돕겠다는 목표를 세웠다. 이 혼란 속으로 들어가는 길이 있다면 나가는 길도 반드시 있어야 했다. 나는 출구를 찾기로 결심했다.

그 시절 대부분의 사람들은 마음의 비밀이 뇌에서 밝혀질 것이라 확신했다. 인류는 마음과 뇌의 관계를 오랜 기간 탐구해 왔다. 나는 이렇게 생각한다. "뇌는 명사, 마음은 동사다." 또는 인지과학자 마빈 민스키Marvin Minsky의 말처럼 "뇌의 기능적 발현이 마음이다."

당시 사람들은 마음이 어떻게 뇌를 통해 작동하는지 규명하기 위해 애썼다. 이 주제는 너무나 인기가 많았기에 당시 의회에서 1990년대를 '뇌의 시대Decade of the Brain'라 선언할 정도였다. 1996년, 나는 인지신경심리학 박사 과정을 마치며 슬픔과 고통에서 빠져나올 방법이 이 길에 있다고 생각했다.

신경심리학은 우리가 세상을 경험하는 방식과 뇌의 구조 사이에 어떤 연관이 있는지 연구하는 학문이다. 특히 생각과 그에 따른 행동을 탐구하며, 이 분야 학자들은 뇌의 특정 영역에서 특정 기능이 작동한다는 것을 성공적으로 밝혀 왔다. 이를테면 얼굴을 인식하는 능력부터 공감하는 능력까지, 특정 기능의 정보 처리가 뇌의 어느 곳에서 일어나는지 알게 된 것이다.

물론 그 무엇도 아버지의 죽음 앞에선 쓸모가 없었다. 내가 아는 것이라고는 지금 고통스럽다는 것뿐이었고, 바라는 것은 이 고통을 끝낼 수 있는 비법, 그것도 아니면 최소한 이 고통을 이해하는 것이었다. 헤아릴 수 없이 많은 시간을 공부에 쏟아부었건만 이 문제에 대한 명확한 답은 보이지 않았다.

그러던 중 동양의 가르침에 눈을 돌리게 되었다. 전통적인 심리학적 접근법에는 없는 무엇인가가 동양 철학에 있다는 걸 느꼈다. 그리고 불교와 도교를 비롯한 동양 사상에서 말하는 개념들이, 뇌에 대해 밝혀진 어떤 사실들과 충격적일 정도로 일치한다는 사실을 알게 되었다. 당시 나는 대학원에서 좌뇌와 우뇌의 차이를 연구했다. 연구가 끝나갈 즈음엔 어느새 연구 제목에 걸맞은 생활을 하고 있었다. 하루의 절반은 과학도로서 연구하며 좌뇌를 위한 시간을 보내고, 집에서는 동양 사상에 매진하며 우뇌를 충족시키기 위한 시간을 보냈다.

대학원에서 공부하던 중, 몇몇 물리학 연구자들이 양자역학과 동양의 사상 사이에 상당한 유사성이 있다는 연구 결과를 발표했다.[1] 이로 인해 물리학계에 커다란 인식의 변화가 일어나고 있었다. 나는 당장 담당 교수의 방으로 찾아갔다. 그러고는 동양에서 이미 오래전에 알려졌던 것들이 이제야 물리학에서 증명되고 있다고, 마치 크리스마스 아침에 신난 어린아이처럼 이야기했지만 돌아온 대답은 실망스러웠다. 교수는 그것이 단지 우연일 뿐이라고 반박했다. 나는 산타가 없다는 말을 들은 아이처럼 실망했다.

그럼에도 불구하고 희망을 버리지 않았다. 신경과학과 동양 사상 사이에는 모종의 연결점이 있고, 이것이 언젠간 밝혀지리라 확신했기 때문이다. 1990년대 후반에 나는 선禪,Zen과 뇌를 동시에 강의하는 정말 희귀한 교수가 되어 있었다. 하지만 요즘은 주요 신경과학 학회에서 달라이 라마가 기조연설을 할 만큼 동양 철학과 신경과학이 서먹하지 않은 관계다. 오히려 하나의 연구 장르가 되었을 정도다.[2]

최근 들어 여러 연구소에서는 동양의 각종 수행법으로 얻을 수 있는 긍정적 효과를 보고하고 있다. 이제 학자들은 명상이 주의력을 개선하는 효과가 있다고 인정한다.[3] 하버드대학교 신경과학 교수 사라 라자르Sara Lazar는 장기간 명상 수행을 한 사람들이 일반 사람들보다 대뇌피질이 더 두껍다는 사실을 밝혀냈다. 대뇌피질은 상위 수준의 의사 결정을 하는 데 특화된 영역이다. 이 주름투성이 껍질은 뉴런으로 구성되어 있고 뉴런은 정보 처리를 담당하는 세포다. 일반적으로 나이가 들수록 대뇌피질이 작아진다고 알려져 있지만, 라자르 교수는 규칙적으로 명상을 할 경우 대뇌피질에 긍정적인 영향을 미칠 수 있다는 가능성을 발견했다. 라자르 교수가 촬영한 50세 명상가의 전전두엽은 25세 젊은이의 것과 비슷했다. 심지어 8주 동안 마음챙김mindfulness 과정에 참여하는 것만으로 뇌에 긍정적인 변화가 있었다.

이 과정에 참여한 사람들의 뇌를 촬영해 보니 스트레스에 반응하는 편도체의 크기가 감소했고 공감 및 자비와 관련된 측두두정 접합부TPJs가 커진 것을 확인했다.[4]

태극권에도 비슷한 효과가 있다는 보고가 있다. 태극권은 일종의 '움직임을 기반으로 한 명상'이다. 태극권은 혈압을 낮추는 신체적인 효과부터, 인지 기능을 개선하는 정신적인 효과까지 다양한 방면으로 영향을 미친다.[5] 고대 힌두교의 수행법인 요가도 비슷한 결과를 보였다.[6] 메릴랜드 국립대체의학연구소 챈털 빌레무어Chantal Villemure 교수는 요가 수행자들의 대뇌피질이 일반인의 것보다 더 크고[7] 기억을 담당하는 부위인 해마체 또한 더 크다는 연구 결과를 발표했다.

카네기멜론대학교 데이비드 크레스웰David Creswell 교수
의 연구도 있다. 이 연구의 참여자들은 겨우 3일간 마음챙
김 명상에 임했을 뿐인데 뇌에 변화가 생겼고 염증 수치가
낮아졌으며 당뇨, 관절염, 암 등과 관련된 각종 수치도 저하
되었다.[8] 사실 동양의 수행법에 부정적인 효과가 있다는 논
문을 찾는 것이 오히려 불가능할 정도다.

많은 연구가 긍정적인 결과를 발표했지만 나는 이들의
연구가 여전히 서구적인 관점에서 이루어졌다는 느낌을 지
울 수가 없다. 동양의 수행법에는 몸과 마음을 이롭게 하는
효과를 넘어서는 보다 심오한 뜻이 있다고 믿기 때문이다.
연구들을 살펴보면서 나는 이렇게 생각했다. 비록 그럴 의
도는 아니었겠지만, 서양 과학자들의 연구가 동양의 깨달

음의 토대가 되는 어떤 인식을 강력하게 뒷받침하는 결과일지도 모른다는 것. 그것은 바로 '자아'란 실재하는 무엇이 아니라, 오히려 소설 속 등장인물에 더 가깝다는 사실이다. 더 직설적으로 말하자면 당신이 알고 있다고 믿는 당신은 **실재가 아니다.**

이것이 인류에게 어떤 의미로 다가갈지, 인류의 사고방식에 어떤 영향을 미칠지 우리는 아직 완전히 이해하지 못했다. 그래서 이 책을 썼다. 다양한 연구 결과를 톺아보고 의미를 파악하면서 인간에게 주어진 질문을 이해하기 위해서, 그리하여 우리가 존재한다고 믿는 자아가 실은 실재가 아니라는 바로 그 지점을 이해하기 위해서 말이다.

삶이 고통인
당신에게

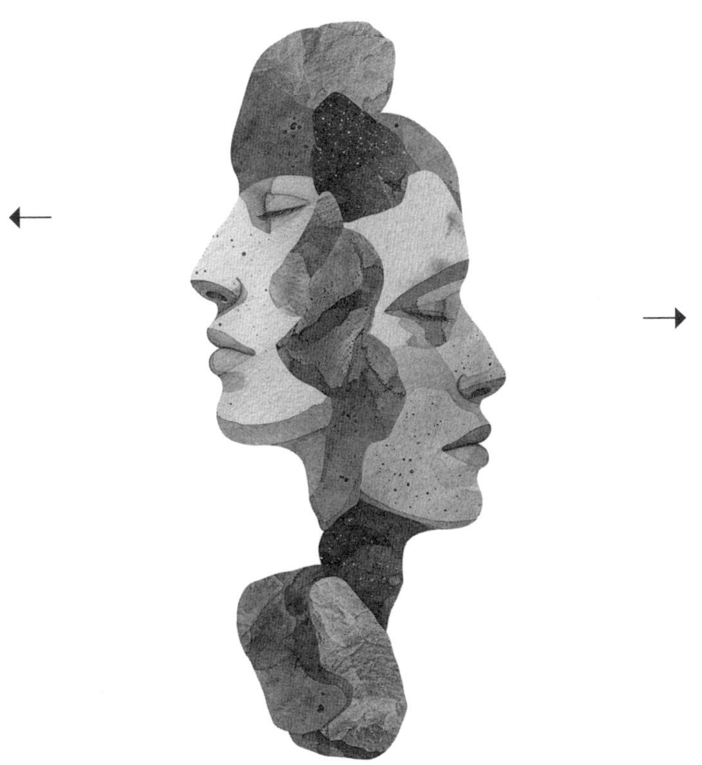

NO SELF NO PROBLEM

생각을 멈춰라. 그러면 너의 모든 문제는 끝이 나리라.

-《도덕경》

생각을 멈춰라. 그러면 너의 모든 문제는 끝이 나리라.

-《도덕경》

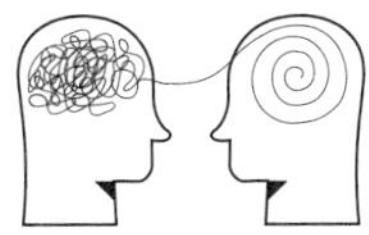

"우리는 누구인가? 왜 이곳에 존재하는가? 왜 이리도 고통받는가?"

인간은 태초부터 이런 질문과 씨름해 왔다. 철학자, 영적 지도자, 과학자, 예술가까지 이 질문의 답을 찾아다녔다. 서양 철학은 '우리는 누구인가?'라는 질문에 '생각할 줄 아는 존재'라며 인간의 특성을 정의했다. 이에 대한 가장 간결한 표현으로 철학자 르네 데카르트의 명언이 있다. **cogito, ergo sum**, "나는 생각한다, 고로 존재한다."

생각에 대한 이 명언은 동양의 가르침에서 찾을 수 있는 경구들과 극명한 대비를 이룬다. 불교, 도교, 힌두교 등의 전통은 생각하는 마음을 신뢰할 수 없는 것으로 여긴다. 뿐만 아니라 생각하는 마음이 해결책이 아니라 오히려 문젯거리인 경우가 많다고 주장한다. 선불교에는 이런 말이 있다. "생각이 없다면, 어떤 문제도 없다."

두뇌를 장착한 개인, 이른바 자아, 에고, 마음, 또는 단순히 '나'라고 하는 이것이 서구 세계의 중심 사고다. 서양의 세계관에선 위대한 사상가가 곧 세계를 변혁하는 자다. 그런데 이 사상가, 즉 생각하는 자의 정체는 무엇일까? 생각하는 주체, 또는 '나'라고 부르는 것을 좀 더 자세히 들여다보자. 다음의 정의는 앞으로 계속 논의할 문제의 가장 중요한 설명이 될 것이다.

우선 '나'는 내가 누구인지 자문할 때 마음속에 팍 하고 떠오르는 바로 그 심상이다. 각각이 가지고 있는 자아이자, 비유하자면 우리의 두 귀 사이와 눈 뒤에 떡하니 앉아 몸을 조종하는 바로 '그자'다. 이 조종사는 한번 통제권을 쥐면 잘 바뀌지 않는다. 그를 통해 우리는 생각하고, 느끼고, 살아간다. 그는 관찰하고, 결정을 내리고, 행동한다. 딱 비행기 조종사처럼.

우리는 이 자아ego를 진정한 나self라고 생각한다. 이 개별적 자아는 생각, 감정, 행위를 경험하면서 통제한다. 이

조종사 자아는 자신이 인생이라는 쇼를 주도한다고 생각한다. 그것도 상당히 안정적이고 지속적으로 말이다. 게다가 우리의 육체를 통제하며 '이것이 내 몸'이라고 느낀다. 하지만 육체가 죽어도 자아만큼은 변하거나 끝나지 않는다고 여긴다(물론 무신론자 자아라면 죽으면 끝이라고 생각할 수도 있다). 또한 다른 것에 의지하지 않은 채 스스로 존재한다고 여긴다.

자, 이제 동양으로 넘어가 보자. 불교, 도교, 힌두교의 불이일원론advaita vedanta은 사뭇 입장이 다르다. 자아, 에고, 또는 '나', 그것이 어떻게 불리든 이 '나'라는 개념을 허상으로 본다. 그토록 진짜같이 느껴져도 말이다. 불교에서는 이런 입장을 설명하기 위해 공anatta이라는 표현을 쓴다. 주로 내가 없음no self으로 번역되는 이 말은 불교에서 가장 기초가 되는 개념이다. 가장 중요한 개념은 아닐지라도 말이다.

서구식 교육을 받은 사람이라면 이 개념이 무척 급진적이고, 어쩌면 말도 안 된다 생각할 것이다. 지금 내가 느끼는 '나'라는 존재와 우리가 일상적으로 경험하는 모든 일을 정면으로 부정하는 것처럼 들리기 때문이다.

이 책에서 우리는 자아라는 개념이 그저 마음의 구조물에 불과하다는 강력한 증거와 마주할 것이다. 머릿속 어딘가에 위치한 물질적인 실체가 아니라는 뜻이다. 달리 말하면, 생각과는 별개로 존재하는 자아라는 것이 있어 생각을 주도하는 게 아니라, 생각이 자아라는 현상을 만들어 낸다. 그래서 자아는 명사보다 동사에 가깝다. 결국 생각이 없다면 자아도 존재하지 않는다. 불교, 도교, 힌두교에서 2500여 년 전부터 계속 강조해 온 이 명제를 이제야 신경과학과 심리학이 따라잡고 있다.

이 가설을 받아들이기 힘든 이유는 뭘까? 아마도 우리가 너무 오랫동안 '나'를 실재하는 어떤 사물로 보아 왔기 때문일 것이다. '나'는 실재가 아니라 생각의 흐름 혹은 단순히 개념에 불과하다는 말을 받아들이려면 누구나 다소 시간이 필요하다. 지금도 당신의 머릿속에서 말을 거는, 친애하는 신기루 같은 자아는 언제나 확신에 차 있다. 세상이 이러이러하다고 떠들고 신념을 고르고 기억을 재생하며 자신을 물질적 몸과 동일시한다. 지나간 과거를 판단하고 평가하면서 앞으로 다가올 미래는 이러저러해야 한다며 바람과 투사를 만들어 낸다. 아침에 눈뜰 때부터 잠자리에 들 때까지 종일 '나'를 느낀다. 대부분의 사람에게 '나'는 너무나 소중하다. 그러니 내가 사람들에게 "나라는 건 사실 거기 없어요. 적어도 우리가 생각하는 그런 방식으로는."이라며 신경심리학자의 입장을 얘기하면 혼란스러워하는 것도 이해가 된다.

반면 동양의 종교와 철학적 사조에 익숙한 사람에게 이 개념은 전혀 놀랍지 않을 것이다. 이들은 우리가 일상적으로 떠올리고 느끼는 자아란 존재하지 않는다는 것을 일종의 기본 전제로 삼는다. 이것이 진실이라면 누구든 이렇게 물을 수밖에 없다. "그럼 대체 무엇이 남나요?" 당신도 궁금하지 않은가? 이에 대해 앞으로 살펴보겠지만 그 전에 알아야 할 몇 가지가 있다. 그동안 밝혀진 과학적 연구 결과들이 '나라는 것은 없다'라는 개념을 어떻게 뒷받침하는지, 그리고 그에 따라 소위 '의식'이라 불리는 것에 어떤 새로운 정의를 내릴 수 있는지 말이다.

서문에서 밝혔듯 신경과학의 눈부신 발전 덕분에 우리는 뇌 지도를 갖게 되었다. 뇌에서 언어 중추가 어디인지,

안면 인식 중추가 어디인지, 타인의 감정을 이해하는 중추가 어디인지, 마음의 모든 기능이 뇌의 어느 위치에서 이루어지는지 밝혀지고 있다. 그러나 아직도 밝혀지지 않은 한가지가 있다. 바로 자아self의 위치다. 지금도 수많은 신경과학자가 신경망 안의 이곳이다 저곳이다 주장하고 있지만 아직까지 정확히 밝혀진 바는 없다. 심지어 오른쪽인지 왼쪽인지조차 알려져 있지 않다.[1] 우리가 자아의 위치를 찾지 못하는 이유는 어쩌면 단순히 거기에 그런 것이 없기 때문 아닐까?

진실로 자아 같은 건 실재하지 않는다고 받아들였다 치자. 하지만 여전히 우리는 일상에서 '나'를 강하게 느낀다. 설령 이것이 개념일 뿐이라도 말이다. 신경심리학은 이제껏 자아의 정확한 위치를 알아내는 데 실패했지만, 대신 '자아라는 느낌과 개념'을 만들어 내는 뇌의 영역을 찾아냈다. 이것도 자세히 살펴보겠다.

그럼 도대체 이 모든 것이 왜 중요할까? 아버지의 죽음 이후 내가 깊은 고통에 빠진 것처럼, 우리 모두는 일생 동안 정신적으로 고통받고, 비참하고, 좌절한다. 머릿속을 맴도는 목소리가 실재한다고 느끼면서 그것에 '나'라는 이름 표를 다는 실수를 한다. 하지만 수많은 신경심리학 연구가 그런 건 없다는 증거를 여실히 보여 준다. 이 실수, 즉 신기루 같은 '나'라는 느낌이 우리의 마음을 괴롭게 하는 첫 번째 원인이다. 이 실수 때문에 우리에게 열려 있는 영원하고 무한한 의식으로 나아갈 수 없다는 것이 안타깝다.

마음의 고통과 몸의 통증은 다르다. 통증pain은 육체에서 발생하는 일종의 물질적 반응이다. 문지방에 발가락을 찧었거나 팔이 부러졌을 때처럼 말이다. 하지만 고통suffering 은 오직 마음에서만 일어나는 걱정, 분노, 불안, 후회, 질투, 창피함 같은 온갖 부정적인 정신 상태를 표현하는 말이다.

이런 갖가지 고통들이 '자아'라는 허상을 지어냈기에 생긴 결과라는 주장에 당신은 상당한 반발심이 들 수도 있다. 그러니 지금 당장은 도교 철학자이자 작가 위무위爲無爲의 명언으로 설명을 대신하고자 한다.

"어째서 행복하지 못한가? 생각과 행위의 99.9퍼센트는 자신을 위한 것이나, 정작 자신은 존재하지 않기 때문이다."[2]

책의 구성

우선 뇌를 좌우로 나누어 인간의 인지와 행동에 미치는 영향을 살펴본다.[3] 물론 앞서 언급한 해마체나 전전두엽 피질처럼 인지 과정에 중요한 뇌의 부위를 여러 방식으로 구분할 수 있겠지만, 이 책의 목적은 이 주제를 모든 사람이 이해하고 즐길 수 있도록 설명하는 데 있다. 따라서 최대한 단순하게 설명하고자 주로 뇌를 좌우로 나누어 살펴볼 것이다.

먼저, 좌뇌가 일종의 해석 장치 또는 이야기꾼이라는 개념을 소개할 것이다. 패턴 인식, 언어, 지도 제작, 분류와 범주화는 모두 좌뇌의 기능이다. 그리고 실험적 증거에 따르면, 바로 이런 기능들이 합쳐져 자아라는 느낌을 만들어 내고 절대적인 진실이라 믿게 한다. 좌뇌는 어떻게 자아라는 느낌을 만들어 낼까? 이 허상 너머를 보는 일은 왜 이리도 어려울까? 게다가 이것이 왜 그렇게나 많은 고통을 만들어 내는 것일까? 앞으로 우리가 살펴볼 것들이다.

그다음은 우뇌를 살펴본다. 의미 찾기, 상황의 큰 그림을 보고 이해하기, 창의적으로 표현하기, 감정 경험하기, 공간 지각 및 처리 능력 등은 모두 우뇌에 의지하는 기능이다. 이렇게 좌우 뇌의 각각의 기능을 살펴본 후, 비로소 이 정보들이 의식consciousness과 어떤 관련이 있는지, 그리고 이것이 어떻게 에고라는 허상 너머를 가리키며 ‘진정한 나는 누구인가’라는 미스터리로 이끄는지 가늠해 보고자 한다.

각 장의 마지막 ‘체험하기’ 단원에서는 연습 문제와 간단한 사고 실험을 통해 해당 장에서 논의한 개념을 직접 경험해 볼 것이다. 이를 통해 책의 내용을 단순히 생각하는 수준을 넘어서, 참신하고 흥미로운 방식으로 느껴 보는 기회가 되기를 바란다.

이 책에 나오는 신경과학 및 심리학 연구 결과는 동양 철학에서 수천 년간 이야기했던 바를 다른 관점으로 보여 준다. 대부분 당연하다고 여기는 이른바 ‘자아’ 또는 ‘나’라는 개념이 우리가 생각했던 방식으로 존재하지 않는다는 것이다. 어쩌면 이 사실이 어색하게 느껴질 수도 있다. 시작하기에 앞서 분명히 해 두고 싶은 점이 있다. 나는 단지 산더미 같은 연구 결과를 꾸역꾸역 나열하며 "에고는 환상이다"라고 주장하려는 게 아니다. 단지 이제까지와는 다른 방식으로 뇌를 사용하는 법을 익혀서 당신의 삶이 더 나은 방향으로 변화하길 바랄 뿐이다. 그러고 나면 이 모든 이야기가 과연 진실인지 아닌지 스스로 판단할 수 있을 것이다.

아인슈타인은 문제를 만든 사고방식과 동일한 수준에서는 결코 해답을 찾을 수 없다고 했다. 마찬가지로 '나'라는 느낌은 좌뇌가 창조했기에 좌뇌로 아무리 열심히 애써본들 그 실체를 밝힐 수 없다. 당신의 의식이 당신의 경험을 이전과 다른 시각으로 바라볼 수 있게 잘 안내해서, 좌뇌의 한계를 넘어갈 수 있도록 하는 게 나의 바람이다. 장담컨대 이 작업으로 당신이 겪는 정신적 고통은 엄청나게 감소할 것이다. 나도 그랬으니까.

선불교의 경구 하나.

"**내가 없으면 문제도 없다**No self, no problem."

1장

NO SELF NO PROBLEM

내 머리에 거짓말 장치가 있다

: 뇌가 만드는 합리화의 세계

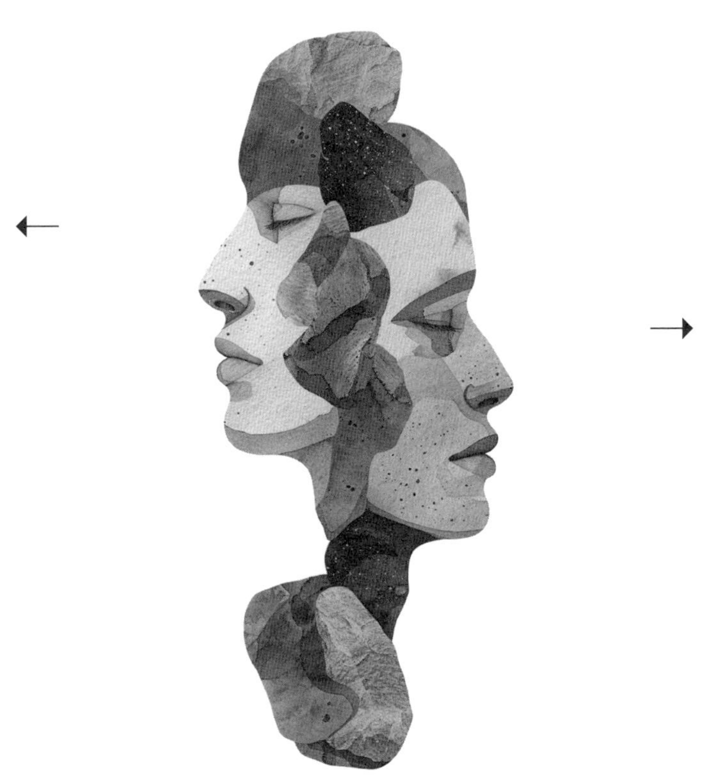

허파가 숨 쉬듯, 뇌가 마음 한다.

-휴스턴 스미스

허파가 숨 쉬듯, 뇌가 마음 한다.

-휴스턴 스미스

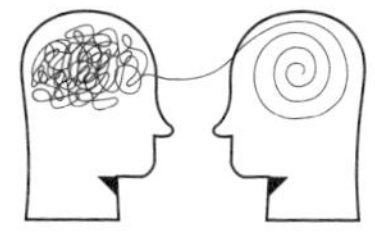

분리뇌 환자의 등장

1960년대, 마이클 가자니가Michael Gazzaniga 박사는 역사상 가장 흥미로운 뇌수술 실험을 진행했다. 실험은 뇌의 좌측과 우측이 어떻게 기능하는지 뿐만 아니라, 의도치 않았지만 자아라는 것이 생각했던 것과 사뭇 다른 무엇일지 모른다는 단초를 제공했다. 이후 박사는 1998년 발간한 저서 《마음의 과거The mind's past》에서 '소설 같은 자아The Fictional Self'라는 장 제목을 사용하며 이 주제를 좀 더 직설적으로 말하기도 했다.

책에서는 우리가 당연시하는 것에 강력히 의문을 제기

한다. 자아가 소설처럼 임의로 지어낸 것이라니, 이것은 마치 지구가 평평하다고 믿었던 옛날 사람들이 지구가 둥글다는 말을 처음 들었을 때와 비슷한 충격일 수 있겠다. 두 주장 모두 실제로 보고 느끼는 것과 사뭇 다르니 말이다. 하지만 자아가 작위적이라는 생각은 전혀 새롭지 않다. 약 2500년 전 붓다가 말했고 도교 경전 《도덕경》과 힌두교 불이일원론에도 같은 내용을 찾아볼 수 있다.

비록 의도한 건 아니겠지만 가자니가 같은 사람들의 신경과학 연구 결과가 동양의 전통 철학에서 오랫동안 주장해 온 바를 증명하는 것은 아닐까? 나는 이 질문에 차근차근 답하는 과정에서 당신이 직접 체험 가능한 예제들을 제시할 예정이다. 이것이 진실인지 아닌지 몸소 경험할 수 있게끔 말이다. 다행히 당신은 실험에 참가했던 사람들처럼 뇌수술을 받을 필요는 없다.

박사의 혁명적인 연구 결과를 살펴보기에 앞서, 우선 뇌가 작동하는 몇 가지 방식을 이해해야 한다.

첫 번째, 뇌는 대칭인 좌우 반구로 나누어져 있고 중간

에 뇌량corpus callosum이라는 큼지막한 신경섬유 다발로 연결
되어 있다. 이는 딱 봤을 때 분명히 드러나는 흥미로운 점
이다. 그런데 1960년대에, 심한 간질 환자들의 증세를 완화
할 목적으로 이 8억 개에 달하는 신경섬유를 절단하는 실
험적 수술이 이루어졌다. 간질 발작 전위가 뇌의 한쪽 반구
에서 다른 쪽 반구로 넘나들며 증세를 악화시킨다는 가설
에 근거한 수술이었다. 로저 스페리Roger Sperry 박사와 마이
클 가자니가 박사는 좌뇌와 우뇌 사이의 연결다리인 뇌량
을 끊어 버리면 간질 발작이 줄어들 것으로 예상했다. 그들
의 생각은 옳았고 이 업적으로 스페리 박사는 1981년 노벨
상을 수상했다.

좌뇌와 우뇌는 각각 다른 역할을 수행하지만 보통 끊
임없이 서로 소통하고 있다. 하지만 둘 사이의 연결이 파괴
되자, 좌우 반구를 독립적으로 연구할 수 있는 세계가 열렸
다. 이전까지는 한쪽 반구가 손상된 사람을 찾거나 간접적
인 방법을 쓸 수밖에 없었는데, 뇌량을 절단한 간질 환자들
이 등장한 덕분에 좌뇌와 우뇌의 기능적 차이를 확실히 알
게 되었다. 뇌량을 절단한 이들은 분리뇌split-brain 환자라 불

린다.

　두 번째, 좌우 반구는 몸을 교차로 지배한다. 몸의 오른쪽은 좌뇌, 몸의 왼쪽은 우뇌와 연결된다. 시각의 경우도 왼쪽 시야는 우뇌로, 오른쪽 시야는 좌뇌로 연결되어 처리된다. 다시 한번 말하지만 이는 분리뇌 환자들에게만 분명하게 드러난다. 이 연구로 좌뇌에 대한 정말 중요한 사실이 밝혀졌는데, 이는 당시 심리학계와 일반 대중에게는 낯선 내용이었다.

　가자니가 박사는 좌뇌가 상황에 개연성을 부여하기 위해서 이유와 설명을 만들어 낸다는 사실을 확인하였다.[1] 한마디로 좌뇌는 일종의 해석 장치처럼 작동했다. 게다가 이따금 완전히 틀린 설명을 한다. 이러한 발견은 세상에 충격을 주어야 마땅하건만, 아직도 대부분의 사람들은 이 사실에 대해 들어 본 적도 없다.

　이제 분리뇌가 어떤 식으로 작동하는지 좀 더 자세히 알아보겠다.

우뇌가 잠든 사이에
좌뇌가 저지른 일

가자니가의 초기 연구에서 분리뇌 환자의 좌뇌(우측 눈)에 닭발 사진을, 우뇌(좌측 눈)에 눈 쌓인 풍경을 각각 보여 주었다. 이어서 다른 몇 장의 그림을 보여 준 뒤, 처음 보여 준 그림과 가장 연관성 있는 것을 고르도록 했다. 좌뇌와 우뇌는 각자 완벽하게 기능했다. 우뇌는 (왼손을 사용하여) 눈 치우는 삽을 골랐고, 좌뇌는 (오른손을 사용하여) 닭을 고른 것이다. 흥미로운 건 그다음 상황이다.

"왜 왼손으로 눈 치우는 삽을 선택했지요?"

환자에게 물었다. 잊지 말아야 할 점은, 대화는 오직 좌뇌와 할 수 있다. 말하는 기능은 좌뇌의 영역이기 때문이다. 그렇다면 좌뇌는 이렇게 대답해야 옳다. "모르겠는데요. 우뇌와 연락 끊고 지낸 지 꽤 됐거든요." 하지만 실제 대답은 달랐다.

"닭발은 닭과 연결되고, 그럼 당연히 닭장 청소할 삽이 있어야죠."

환자는 자신의 대답에 절대적인 확신을 보였다. 이것이 왜 그렇게 중요할까? 언어를 담당하는 좌뇌는 주어진 정보를 바탕으로 그럴싸하고 '말이 되게끔' 상황을 재구성하여 설명했지만 그 설명은 완전히 틀렸기 때문이다(분리뇌 환자의 경우, 우뇌가 본 눈 쌓인 풍경을 좌뇌는 알 수 없다).

다른 예를 살펴보자. 환자의 우뇌(좌측 눈)에만 '걸으세요'라는 글자를 보여 주었다. 환자는 즉시 벌떡 일어나 걷기 시작했다. 왜 갑자기 걷느냐고 묻자 또다시 좌뇌의 해석 장치가 튀어나온다. "가서 콜라 좀 가져오려고요." 그럴싸하지만 완전히 틀린 설명이다. 이번에는 '웃으세요'라는 글자를 우뇌에게 보여 주었다. 역시 바로 반응하여 환자는 웃기 시작했다. 왜 웃는지 묻자 "당신들이 실험 때문에 매달 한 번씩 우리 집에 오잖아요. 참 별별 직업도 다 있다 싶어서 웃음이 나오네요."라고 답했다. 기억하라. 여기서 옳은 대답은 이것이다. "당신들이 웃으라고 해서 웃었잖소."

잠시 이 사안의 중대성에 대해 생각해 보자. 좌뇌는 오직 정보를 해석하고 그것을 토대로 개연성 있는 이야기를 만들어 낼 뿐이다. 그저 좌뇌에게만 말이 되는 이야기면 그만이다. (닭장을 치우려면 삽이 필요하다.) 또한 개연성을 해치지 않기 위해 스스로 어떤 행위를 지시했다고 착각하기도 한다. (내가 콜라가 필요해서 걸었다. 내 스스로의 생각이 웃겨서 웃었다.) 여기서 어느 설명도 진실이 아니지만, 이 해석하는 마음에게 진실은 중요치 않다. 자신의 설명과 해석이 옳다는 확신에 차 있을 뿐이다.

20세기의 가장 혁신적인 신경과학자 라마찬드란V. S. Ramachandran 박사의 연구도 살펴보자. 그의 좌뇌 이론도 가자니가 박사의 견해와 매우 유사하다. 그는 일련의 실험을 거쳐 좌뇌가 해석과 신념을 만들어 내고, 해석의 개연성을 유지하기 위해서라면 실제 상황과 달라도 전혀 개의치 않는다는 것을 알아냈다.

라마찬드란 박사의 실험은 우뇌가 심각하게 손상된 환자를 대상으로 했고, 따라서 몸의 좌측이 마비된 상태였다. 이런 상황은 좌뇌가 혼자 쇼를 진행하기에 아주 효과적이다. 라마찬드란 박사가 환자에게 왼손을 움직일 수 있는지 물어보자 환자는 "그럼요. 이렇게 말이죠?"라고 답했다. 다른 환자는 한 술 더 뜬다. 자기는 마비된 왼쪽 팔이 훨씬 힘이 세서 커다란 테이블을 5센티미터 정도 들어 올릴 수 있다고 주장했다. 어떤 환자는 마비된 몸을 인정하는 대신 합리화를 시도했다. "팔을 움직이고 싶지 않아요. 좀 아프거든요." 또는 "오늘 하루 종일 의대생들이 여기저기 쑤셔 보고 갔단 말입니다. 지금은 팔을 움직이고 싶지 않군요." 가자니가의 연구와 마찬가지로, 좌뇌는 진실을 고려하지 않고 현실을 설명하는 이야기를 만들어 내고 있었다.

지난 40여 년간 진행된 몇몇 추가 연구에서도 좌뇌는 상황이 어떻게 돌아가고 있는지 설명을 만들어 내는 일에 압도적으로 뛰어났다. 비록 사실과 다를지라도 말이다. 이렇듯 좌뇌는 평생 동안 현실을 해석하여 당신에게 들려주고 있다. 대부분의 사람들처럼 당신도 이 사실이 의미하는 바를 완전히 이해하긴 힘들 것이다.

또 다른 초기 연구를 살펴보자. 인지 및 사고 능력에 아무 문제가 없는 사람들에게 거기서 거기인 물건들 몇 개를 제시한 후 어느 게 마음에 드는지 골라 보라고 했다.[2] 일반인들은 잘 모르지만 대부분의 사람들은 우측을 선호하는 경향이 있다. 즉, 엇비슷한 물건들을 늘어놓고 골라 보라고 요청하면 오른편에 있는 물건을 집는다는 말이다. 이 실험에서도 우측 선호 경향은 분명하게 나타났다. 하지만 이걸 고른 이유를 물었을 때 "오른쪽에 있는 게 왠지 모르게 좋아요."라고 대답한 사람은 아무도 없었다. 여기서도 좌뇌는 그럴싸한 이론을 들고 나와서 얘기했다.

"색깔이 예쁘잖아요."

"질감이 마음에 들었어요."

피험자들에게 인간은 자연스럽게 우측을 선호하는 경향이 있고 그게 물건을 고른 이유라고 알려 주면 단 한 명도 예외 없이 이를 부정하고 믿지 않았다. 심지어 일부는 실험을 진행한 사람들이 정신병자가 아니냐고 항의까지 했다. 본인의 선택이 내부의 자아가 정말로 선호해서 이루어진 것이 아니고 어떤 임의적인 기준 때문이라는 말을 도저히 받아들일 수 없었던 것이다. 이렇듯 진실을 대면하는 일은 마치 자아 중독이라는 안개를 뚫고 나가는 일이라, 대부분의 사람에게 거슬리고 불편한 경험이다.

마음이
해석을 만든다

자아가 우리가 생각하는 것과 사뭇 다르다는 걸 암시하는 연구들을 좀 더 살펴보겠다. 먼저, 우리 몸이 흥분한 이유를 착각하는 상황들이 있다. 신경계가 자극을 받고 흥분하면, 예를 들어 혈압이 상승하고 맥박이 빨라지면 곧이어 좌뇌가 나서서 흥분한 이유를 그럴듯하게 설명한다. 그런데 이 지어낸 이야기가 사실과 전혀 다른 경우가 드물지 않다. 이는 분리뇌 환자들이 "닭장을 청소하려면 삽이 필요하다."라며 인과관계를 창조해 내던 방식과 정확히 일치한다. 다음 연구들은 좌우 반구가 정상적으로 연결된 멀쩡한 사람도 '이유를 알 수 없는 각성 상태'일 때는 결함투성이의 이야기를 만들어 낸다는 사실을 보여 준다. 흥분과 열정, 그리고 그 외의 강렬한 감정들이 차분한 이성을 손쉽게 압도하고 좌뇌에게 자유를 주는 것이다. 그 결과, 좌뇌는 마음껏 이야기를 만들어 내고 이것이 틀림없는 사실이라고 믿어 의심치 않는다.

이미 많은 사람에게 널리 알려진 실험부터 소개하겠다.[3] 남성 피험자에게 안전한 다리와 위험해 보이는 다리 중 하나를 건너게 한다. 위험해 보이는 다리는 폭 1.5미터에 길이 150미터, 가파른 절벽과 급류가 내려다보였고 바람이 불거나 지나갈 때마다 출렁거렸다. 짐작하다시피 이 다리는 심장이 뛰고 숨을 헐떡이게 만들기 위한, 말 그대로 흥분을 유발하는 장치다. 남성 피험자가 다리를 건너오면 여성 조교가 그림 몇 개를 보여 주며 질문지에 답을 쓰도록 한다. 마지막으로 남성 피험자에게 이 실험을 더 자세히 알고 싶다면 여성 조교의 연락처를 알려 주겠다고 안내한다. 놀랍게도, 안전한 다리를 건넌 16명 중에서는 2명이 전화번호를 받아 갔지만 위험한 다리를 건넌 18명 중에서는 무려 9명이 번호를 받아 연락했다. 이들의 뇌는 흥분이 유발된 이유를 이성 조교와 연결했을 가능성이 크다.

여성 조교에게 실제로 끌렸는지 어떻게 확신할 수 있느냐고? 남성 피험자들이 설문지 속의 그림을 보고 작성한 글을 분석했더니 위험한 다리를 건넌 쪽에 좀 더 성적인 내용이 많았다. 이는 좌뇌의 해석이 무척 변덕스럽고 쉽게 산

만해질 수 있다는 것을 암시한다.

다른 연구에서도 이와 똑같은 현상을 발견한 적이 있다. 여성 조교가 남성 피험자에게 평형감각을 측정하겠다고 안내한 뒤, 눈가리개를 씌우고 뒤로 젖혀지는 의자에 앉힌다.[4] 그런 다음 의자를 뒤로 젖히면서 마치 사고인 것처럼 우당탕 소리를 낸다. 피험자의 신경계가 자극된다. 해당 피험자들 역시 이 사건을 겪지 않은 집단보다 여성 조교가 더 매력적이라고 평가했다.

두 번째 연구에서는 똑같은 실험을 조교의 성별만 바꿔서 진행했다. 예상했겠지만, 사건을 경험한 남성 피험자들은 조교가 더 마음에 안 든다고 평가했다. 이 연구들은 호감과 혐오가 실은 좌뇌의 해석일 뿐일지도 모른다는 단서를 보여 준다. 가슴이 빨리 뛸수록, 땀이 더 많이 날수록 해석의 강도가 세지는 건 덤이다.

서로 다른 두 조사팀이 사람들에게 인물 사진을 보여 주고 매력 점수를 매기게 한 연구도 있다. 단, 한 팀은 롤러코스터를 타기 전에 보여 주고, 한 팀은 롤러코스터를 탄 후에 보여 준다.[5] 역시 롤러코스터를 탄 후에 평가한 팀의 점수가 더 높았다. 좌뇌라는 해석 장치가 놀이기구를 타면서 유발된 흥분을 인물을 보고 느낀 매력으로 착각한 것이다. 이 연구는 좌뇌가 꽤 세련되고 똑똑하다는 점도 밝혀냈는데, 지금 한창 뜨거운 커플이 롤러코스터를 탄 경우에는 각성 효과가 나타나지 않았다. 다시 말해 당신(이라기보다 당신의 좌뇌)에게 이미 연인이 있다면 어떤 놀이기구도, 어떤 각성제도 낯선 사람의 매력도를 높이지 않는다.

가자니가 박사의 초기 연구 중에는 이런 것도 있다.[6] 어떤 사람이 불구덩이로 떨어지는 동영상을 분리뇌 환자의 우뇌에만 보여 준다. 이는 신경계를 매우 흥분시키고 우뇌에만 공포심을 일으켰을 것이다. 좌뇌는 이 느낌을 설명하고 싶지만 도무지 단서를 찾을 수가 없다. 그래서 이렇게 말한다. "이유는 알 수 없지만, 지금 좀 조마조마하고 무섭습니다. 이 방이 마음에 안 드는 것 같기도 하고, 당신이 저를 예민하게 만드는 것 같기도 하고요." "저는 분명 가자니가 박사님을 좋아하는데, 지금은 왠지 박사님이 좀 무섭네요."

이처럼 우리는 해석 장치의 지시를 받으며 살고 있다. 대부분의 사람들에게 '마음'은 주인이고 우리는 그것을 인지조차 못한다. 화가 날 때, 불쾌할 때, 성적으로 흥분할 때, 행복할 때, 두려움에 휩싸일 때도 이 생각과 경험이 과연 고유한 것일까 의심하지 않는다. 이 경험이 우리에게 일어나고 있는 건 분명한 사실이기에, 스스로의 자유의지로 선택하고 결정했다는 생각을 어찌어찌 붙잡고 사는 것이다.

이제 마음이 해석을 만드는 메커니즘을 정리해 보자. 지금까지 얘기했던 연구 사례들을 비추어 보면 답이 나온다. 평온한 일상에 뭔가 일이 벌어지면 그것을 인지한다. 예를 들어 교통체증의 한가운데서 어떤 차가 불쑥 내 앞을 끼어든다든가, 옆 사람이 갑자기 벌떡 일어나 방을 뛰쳐나간다든가, 어떤 매력적인 사람이 나를 몇 초 더 쳐다본다든가. 그 순간 머릿속에서 목소리가 들리며 방금 벌어진 일을 해석하기 시작한다. '저런 미친놈을 봤나.' '뭔가 잊은 게 있는 모양이군.' '저 사람 나한테 관심 있나 봐.' 이 마음의 속삭임이 모두 '해석'임을 눈치채 보라. 해석은 맞을 수도 혹은 틀릴 수도 있다. 문제는, 많은 경우 좌뇌 해석 장치를 의식하지 못한 채 살기에 방금 떠오른 생각이 단지 해석에 불과하다는 것을 고려조차 하지 않는다는 것이다. 사람들은 사건을 보고 판단과 해석을 붙인 뒤에 그것이 정말 사실이라 믿어 의심치 않는다.

당신도 분명 상황을 오해하고 심지어 문제 삼았다가 나중에 내 생각이 틀렸다는 걸 깨달은 경우가 있을 것이다. 예를 들면 친구가 나한테 화가 났다고 생각했는데 알고 보니 전혀 그렇지 않았다든가, 취직했다는 확신에 차 있었는데 아무런 전화도 오지 않는다든가 말이다. 대부분 이런 일이 생기면 대수롭지 않다는 듯 "나는 추측을 했을 뿐" 하며 넘어가지만, 이 말이 간과하고 있는 두 가지 문제가 있다.

첫 번째로, 해석하는 마음은 항상 모든 사실을 전혀 고려하지 않은 채 설명을 만들어 낸다. 그러면서 이 설명이 진실이라고 그냥 믿어 버리고, 많은 경우 한 치의 의심도 없다. 나중에 그 설명이 틀렸다고 밝혀지면, 마음은 '앗 실수!' 딱지를 붙이기도 하지만 초기의 여러 실험 결과에 따르면 대부분의 '실수'는 그것이 실수였는지 인식조차 안 된 채 잊히는 경우가 많다. 분리뇌 환자가 닭장을 청소하기 위해 삽이 필요하다 생각하고 음료수가 먹고 싶어서 일어섰다고 생각하는 것처럼, 사건이나 사실이 좌뇌가 접근할 수 없는 곳에서 발생했다면 마음의 해석 장치는 그냥 있는 정보만 가지고 상황을 정의해 버린다. 이렇게 만들어진 해석은 실제와 동떨어질 수밖에 없다.

두 번째로, "나는 추측을 했을 뿐"에서 '나'는 온전한 나가 아니라 단지 마음의 해석 장치의 일부라는 점이다. 우리는 이미 이 '나'가 바깥세상을 수없이 잘못 판단하고 있다는 사실을 살펴보았다. 그렇다면 이 '나'의 자기 자신에 대한 판단도 틀릴 수 있지 않을까? 이것이 가자니가 박사가 '소설 같은 자아'라고 했던 이유다.

이는 동양의 영적 전통에서 2500여 년 동안 계속해서 얘기했던 부분이기도 하다. 특히 불교의 전통에서는 자아가 그토록 진짜 같지만 실은 지어낸 것이라고 분명하게 말한다. 이 진리를 깨닫고 수용하는 것만이 고통으로부터 해방되는 길이라 가르치면서.

자아가 허상임을 깨달으면 고통으로부터 해방된다고? 어떻게 그런 관계가 성립하는 걸까? 그건 좌뇌가 만들어 내는 모든 부정확한 설명, 그리고 그 설명의 주체가 '나'라는 전제가 인간으로서 겪는 내적 고통의 가장 두드러진 원인이기 때문이다. 실제 삶에서 볼 수 있는 간단한 예를 하나 들어 보겠다.

내 친구 하나는 직장 동료들이 자기를 좋아하지 않는다고 확신했다. 그녀는 매일 그 이야기를 꺼내며 속상해했다. 상황은 점점 심각해져서 급기야 출근을 무서워하기에 이르렀다. 그러던 중 어떤 사건을 겪으면서 그녀는 자신이 동료들에게 덕지덕지 붙여 놓았던 '이야기'들이 사실이 아니었다는 걸 알게 되었다. 오히려 정반대였던 것이다. 이 일을 계기로 그녀는 정말 심오한 통찰을 얻었다. 자신의 좌뇌가 얼마나 상황을 부정확하게 해석할 수 있는지, 그리고 그로 인해 얼마나 고통받을 수 있는지 말이다.

동양의 영적 전통은 이 통찰을 경험적으로 찾아냈다. 반면 심리학은 실험을 통해, 그럴 의도도 없이 우연히 찾아냈다. 그래서인지 모르겠지만, 많은 심리학자들은 이 해석 장치의 해석을 지어낸 소설 같은 것으로 인식하는 일이 얼마나 중요한 의미를 지니는지 제대로 파악을 못한다.

어쩌면 그렇기에 심리학계가 가자니가 박사의 연구에

주목하지 않는 것일지도 모른다. 이 주제에 대해 20년을 넘게 강의해 온 나도 경험한 일이다. 수업 중 학생들에게 "우리가 생각하는 형태로 자아가 존재하지 않는 많은 증거가 있다."라고 말하면, 내 생각엔 분명 나에게 뭔가를 던져 대고, 말도 안 된다고 저항하고, 급기야는 교실 문을 박차고 나갈 법한데 그런 일은 한 번도 일어나지 않았다. 스스로 확신하는 자신들의 정체성에 정면으로 도발하는 말을 하는데도 학생들은 그저 묵묵히 앉아 필기만 하고 있는 것이다. 폭탄 발언을 던졌는데도 왜 반응이 없느냐고 끈질기게 물으면, 그때 내가 볼 수 있는 건 멍하니 눈만 껌벅이거나 제발 다음 주제로 넘어갔으면 하는 듯한 어색한 웃음뿐이다. 만약 내가 담당 교수가 아니었다면 아마도 내 동료 교수들과 똑같은 반응을 보였을 테다.

'음, 저 교수 약간 돌았군.'

앞서 말했듯, 자아는 스스로 진짜처럼 보이게 하는 몇 가지 안전장치를 탑재하고 있다. 그렇기에 수많은 실험 결과조차 쉽게 간과되곤 한다. 하지만 만약 직접 경험한다면?

그때는 얘기가 달라진다. 체험으로 얻은 진정한 이해가 당신의 삶을 뿌리째 바꿀 것이다. 비록 좌뇌 해석 장치는 항상 켜져 있고 맘대로 끌 수도 없지만, 일단 그것이 끊임없이 작동하고 있다는 걸 한 번이라도 눈치챘다면 자신과 세상을 바라보는 새로운 시야가 트인다. 머릿속의 '나'를 아무런 의심도 없이 인정하는 대신, '방금 머릿속에서 이런저런 판단을 만들어 내는 친구는 좌뇌 해석 장치로군.'이라고 자각하는 내 모습을 발견하게 된다. 그러면 해석이 만들어 낸 이야기가 이전만큼 우리의 정신과 감정을 강하게 흔들지 못할 것이고, 결과적으로 고통은 감소될 것이다.

당신의 뇌가 표현하는 세계

지금부터 10초간 주위를 천천히 둘러보고, 눈에 들어오는 것을 마음속으로 나열해 보자. 다 끝나면 다시 책 읽기로 돌아온다.

무엇을 나열했나? 아마도 책상, 의자, 나무, 차, 컴퓨터 같은 사물일 것이다. 하지만 **빈 공간**nothing을 생각한 사람은 한 명도 없을 거라 장담한다. 이건 정말 흥미로운 점이다. 나중에 따로 살펴보겠지만, 주위를 둘러볼 때 보이는 것 중 압도적으로 많은 부분이면서 동시에 사물 사이를 연결하는 것이 바로 이 빈 공간이기 때문이다. 헌데 좌뇌는 이것을 인지하지 못한다. 이 간단한 체험은 좌뇌가 어떻게 작동하는지 보여 주기 위한 것이다. 좌뇌는 공간 안의 사물에 초점을 맞추고, 이름표를 붙이고, 분류한다. 그리고 그 안에서 의미를 뽑아내려 애쓴다. 우리는 지각 능력을 동원하여 분류하고 패턴을 찾는 일에 너무나 익숙한 나머지 다른 방식으로 세상을 보기가 어려워지고 말았다.

다음 장으로 넘어가기 전에 생각할 거리가 있다. 좌뇌는 바깥세상을 볼 때 오직 사물에 초점을 맞춘다. 사물을 분류하고 그것에 이름표를 붙이면서 말이다. 그렇다면 자기 내면을 볼 때도 똑같이 하지 않을까? 다시 말해, 머릿속의 생각을 단지 흐름으로 보지 않고 구체적인 '대상'으로 붙잡아서 '나'라는 이름표를 붙이는 건 아닐까? 결국 자아란

임의적인 움직임 속에서 어떤 패턴을 보려는 것과 관련이 있지 않을까? 우리가 그토록 계발하려 애쓰던 자아란, 삶에서 무수히 일어나는 사건과 행위와 경험을 일관성 있게 설명하기 위해 만들어진 하나의 이야기에 불과한 것은 아닐까?

밤하늘의 별을 보며 단지 개념일 뿐인 별자리를 찾아내거나 구름을 보며 개를 닮았다, 닭을 닮았다 일종의 패턴을 찾아 본 적이 있을 것이다. 내면을 들여다보며 '나'라는 게 있음을 찾아내는 것도, 똑같은 실수를 날마다 저지르는 것일지도 모른다.

2장

당신은 누구입니까?

: 만들어진 자아

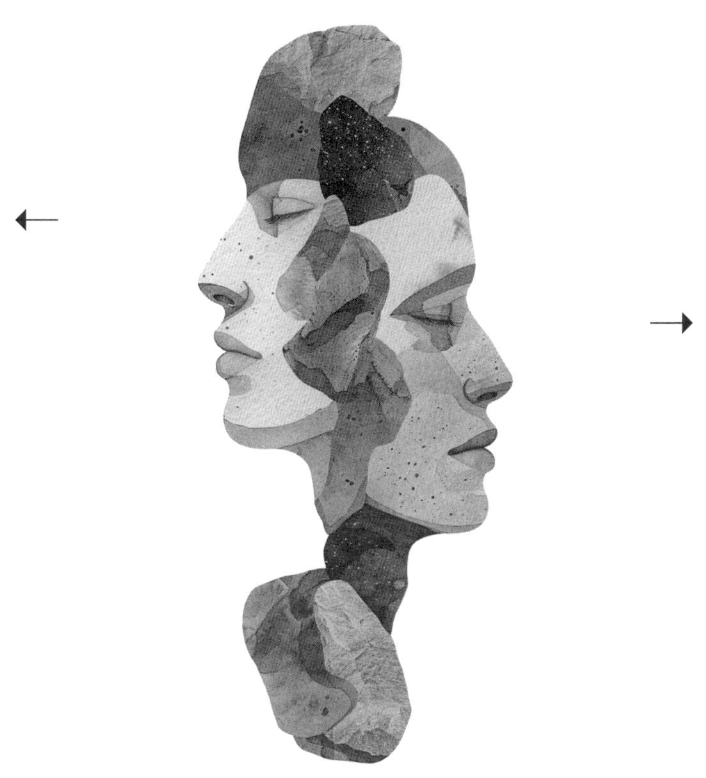

NO SELF NO PROBLEM

마음은 도구이다.

문제는, 당신이 도구를 쓰는가 아니면

도구가 당신을 부리는가?

-선불교의 경구

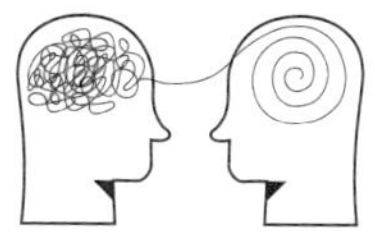

우리는 왜 말에 울고 웃을까?
언어

앞서 우리는 좌뇌 해석 장치가 우리의 경험을 끊임없이 분석하고, 진실과 무관하게 현실에 관한 이야기를 만들어 내는 방식을 알아보았다. 이제 좌뇌가 주로 사용하는 도구를 소개할 차례다. 대표적으로 언어language와 범주화categorization다. 이것이 내면세계를 이해하기 위해 사용될 때, 결정적으로 '자아'라는 느낌이 만들어진다.

우선 루이 빅토르 르보흐냐Louis Victor Leborgne에 관한 흥미로운 일화를 소개한다. 그는 30세에 알 수 없는 원인으로 말하는 능력을 상실했다.[1] 듣고 이해할 수는 있었지만 입 밖으로 낼 수 있는 말은 '탄'뿐이었고 그것이 그의 별명이 되었다. 그가 세상을 떠난 후 의사이자 과학자 폴 브로카Paul Broca는 탄의 좌뇌 전두엽이 손상된 것을 확인했다. 그곳은 말하기를 담당하는 부위로, 오늘날 브로카 영역이라고 불린다. 결국 탄은 언어를 알아듣고 타인과 의사소통할 수 있었지만 말하기를 관장하는 부분이 손상되어 한마디 말밖에 못한 것이다. 탄의 우뇌엔 문제가 없었기에 이는 역사상 최초로 말하기 영역을 밝혀낸 중요한 사례로 남았다.

우뇌가 말하기를 담당하진 않지만, 탄의 사례나 분리뇌 환자의 연구에서 본 바와 같이 문자 언어나 음성 언어를 이해하는 데에는 문제가 없다. 예컨대, 앞 장에서 언급한 실험에서 우리는 분리뇌 환자들이 우뇌에만 제시된 '걸으세요'라는 글자를 이해했던 것을 이미 살펴보았다. 우뇌가 단어를 이해할 수 없었다면 환자는 걷지 않았을 것이다. 어쨌든 이 기념비적인 사례는 이후 진행된 연구들과 함께, 좌뇌가 언어에 큰 영향을 미치고 있다는 증거가 되었다.[2] 또한 흥미로운 것은 머릿속에서 혼잣말을 할 때에도 좌뇌의 기능이 발휘된다는 점이다.[3]

좌뇌가 언어를 관장하므로 해석 장치의 주된 표현 방법이 언어라는 사실은 전혀 우연이 아니다. 우리는 다른 사람들과 소통할 때뿐만 아니라 스스로와도 말로 소통한다. '생각'의 형태로 말이다. 지구상의 거의 모든 사람이 이런 식으로 내면과 대화하고 있으며, 이러한 내적 독백이 자아라는 신기루를 창조하는 핵심 역할을 한다.

여기서 짚고 넘어가야 할 질문이 생긴다. 정확히 '언어'란 무엇인가? 언어란 일종의 지도를 그려 가는 과정이다. 지도가 그림이라는 상징을 이용하여 어떤 장소를 대변하듯, 언어는 단어라는 상징을 이용하여 다른 어떤 것을 대변한다. 예를 들어 의자는 의자라고 불리는데 왜냐면 그 단어를 쓰기로 합의했기 때문이다. 만일 우리가 그걸 레몬이라 부르기로 모두 합의했다 해도, 그것이 앉기에 아주 좋은 물건임에는 변함이 없다.

이언 맥길크리스트Iain McGilchrist의 명저 《주인과 심부름꾼: 두뇌 속에서 벌어지는 은밀한 배신과 정복의 스토리》[4]에서 저자는 좌뇌가 현실이라는 지도를 제작하는 데 중심역할을 하며, 지도를 그릴 때 사용하는 펜이 바로 언어라고 하였다. 언어가 다른 사람과 소통하는 데 매우 효과적인 도구라는 건 분명하나 좌뇌는 언어에 너무 의존한 나머지 현실을 그린 지도를 현실 그 자체로 착각하기 시작한다. 선불교의 격언에도 이를 경계하는 얘기가 있다. "메뉴를 음식으로 착각하지 말라."

마음이 지도를 현실로 착각하면 어떤 일이 벌어질까? 좌뇌에 의해 창조된, 언어로 된 세계를 장님처럼 떠돌게 된다. 좌뇌가 이야기를 창조하고 종종 그 진위 여부는 따지지도 않은 채 그것을 완전히 믿는다는 점을 명심하라. 이는 마치 부정확한 지도를 들고 여행하는 것 같다. 업데이트되지 않은 스마트폰의 길 찾기 앱을 믿고 엉뚱한 길로 가 본 경험이 있다면 이게 얼마나 좌절감을 주는지 알 것이다.

분명히 하자면, 지도를 만드는 일 자체에는 아무 문제가 없다. 오히려 우리에게 필요한 일이다. 문제는, 일반 의미론의 선구자 알프레드 코집스키Alfred Korzybski의 말처럼 좌뇌가 지도를 실제 장소로 착각할 때 생긴다.[5] 우리는 이 착각의 구조에 대해 충분한 시간을 두고 살펴볼 것이다. 머릿속에서 쉴 새 없이 떠드는 목소리와 자기 자신을 동일시하는 것은, 지도(목소리)를 실제 장소(진정한 자신)로 착각하는 완벽한 사례다. 바로 이 오류 때문에 자아라는 환상을 알아차리기 어려운 것이다.

심리학 역사상 아마도 가장 많이 연구된 것은 스트룹 효과Stroop effect일 것이다.[6] 이 실험은 좌뇌가 언어를 문자 그대로 받아들여서 상징을 실제 자체로 착각하는 모습을 보여 준다.

예를 들어 당신에게 기본적인 색상 차트를 몇 가지 보여 주고 무슨 색인지 말해 보라 한다면, 아주 쉽게 답할 것이다. 이번에는 특정 색상이 단어로 제시된다면, 말하자면 '빨강'이라는 단어를 빨간색으로 보여 준다면? 이건 좌뇌가 매우 좋아하는 상황이다. 하지만 만약 '노랑'이라는 단어를 파란색으로 보여 준다면 어떨까? 단어와 실제 색상이 일치하지 않으면 색상을 말하는 데 걸리는 시간은 현저히 느려진다. 너무 티가 나게 느려져서 초시계로 잴 필요도 없다. 이렇게 단어와 색상의 불일치로 반응이 늦어지는 현상을 스트룹 효과라고 한다.

어째서 단지 실제 색과 단어를 뒤섞는 것만으로도 이렇

듯 심하게 더듬거리게 될까? 좌뇌가 지도와 실제 장소를 혼동하기 때문이다. '노랑'이라고 읽는 순간 실제 색깔인 파란색 대신 노란색을 연상하는 것이다.[7] 단어와 실제 색이 일치하지 않으면 뇌는 혼란을 겪고 결과적으로 반응 속도가 떨어진다. 이 현상은 당신이 문맹이거나 모르는 외국어로 써진 경우 일어나지 않는다. 나는 이 실험을 내 아이들에게도 해 보았는데, 커 가면서 언어의 상징성을 점점 더 진지하게 받아들이게 되자 스트룹 효과가 증가하는 것을 확인할 수 있었다.

이 연구로 좌뇌가 언어에 얼마나 큰 영향을 미치는지 알 수 있다. 우리는 아이들에게 종종 이렇게 말하곤 한다. "몽둥이와 돌멩이는 뼈를 부러뜨리지만, 말은 너에게 어떤 피해도 줄 수 없다(그러니까 누가 널 놀리거나 욕해도 반응할 필요가 없단다)." 하지만 좌뇌가 해석한 말을 얼마나 심각하게 받아들이느냐에 따라서 이 말은 거짓말이 될 수도 있다. 마틴 테이처Martin Teicher의 연구에 따르면 언어적 학대는 물리적 학대만큼 해롭고, 우울증을 비롯한 심리 장애의 강력한 위험 요인이라고 한다.[8] 오늘날 우리는 누군가의 말에 물리적 행위만큼 큰 영향을 받고 있는 것이다.

좌뇌가 단어의 힘에 너무나 깊숙이 매몰된 나머지, 우리는 그것의 영향력을 눈치채기 어려울 지경이다. 흔한 상황을 떠올려 보자. 누군가 당신에게 상처 주는 말을 한다면 당신은 크게 아프겠지만 사실 따지고 보면 그 사람은 단순히 소리를 사용하여 자신의 의견을 표현한 것뿐이다. 이런 무형의 소리가 어떻게 당신을 '아프게' 할 수 있는 걸까? 당신의 해석 또는 좌뇌에서 만들어 낸 지도가 당신을 아프게 한 것 아니겠는가? 자, 그러면 잠시 상상해 보자. 이때 만일 상처받을 자아가 없다면? 그 사람이 한 말이 소위 '당신'을 향한 것이라 할지라도 그것이 문제가 되었을까?

또 한 가지 알아야 할 점은 지도가 필연적으로 세부 사항을 놓칠 수밖에 없다는 것이다. 물론 이 점이 지도의 유용함이기도 하다. 놀이공원의 온갖 디테일을 다 그려 놓은 지도보다는 간략하게 표현한 지도가 뒷주머니에 쏙 꽂아 놓고 다니기 수월하지 않겠는가? 지도는 세부 사항을 생략해야 한다. 그래야 어려움 없이 목적지를 찾아갈 수 있다. 지도에 온갖 자동차, 새, 나무들까지 다 표시되어 있다고 생각해 보라.

　지도를 그것이 표현하는 실제 장소라고 착각하는 순간 유용성은 사라진다. 지도상의 광장에서 공놀이를 할 수는 없는 노릇이다. 똑같은 이유로 언어는 유능한 하인이지만 그것이 주인이 되면 끔찍하다. 언어는 훌륭한 도구지만 선불교에서 얘기하듯 '당신이 도구를 사용해야지 도구가 당신을 사용하면' 곤란하다.

　머릿속 목소리를 진짜 당신으로 착각하는 순간, 도구가 당신을 사용하는 상황이 된다. 언어는 일종의 이야기를 만들어 내며, 이 이야기에 당신의 기억과 머릿속의 명령 센터가 존재하는 듯한 감각이 합쳐지면 지구상의 거의 모든 사람이 겪는 '자아'라는 환상이 창조된다. 단어를 그것이 가리키는 실체로 오인하는 것과 똑같은 방식으로, 언어를 기반으로 한 생각 덩어리인 허구적 자아를 진짜 나로 착각하는 것이다. 헬렌 켈러 여사에 대해 들어 봤을 것이다. 그녀는 아주 어릴 적 시각과 청각 모두를 잃었다. 후에 진술한 바에 의하면, 그녀가 언어를 배우고 난 뒤에야 비로소 자기라는 느낌을 갖게 되었다고 한다.[9]

언어가 현실 지각에 영향을 미치는 또 다른 경우도 알아보자. 냉동식품에 '신선 냉동'이라고 써 놓은 경우를 흔히 볼 수 있다. 이런 문구는 유명한 요리 쇼 진행자인 고든 램지가 즐겨 놀리는 주제다. "신선 냉동이라니… 그런 건 있을 수 없어. 신선하든가, 냉동이든가 둘 중 하나지!" 하지만 마케팅 전문가들은 포장지에 '신선'이라는 단어를 집어넣기만 해도 사람들의 인식이 달라진다는 걸 잘 알고 있다. 단어가 줄 수 있는 메시지로 사람들을 속이는 건 어렵지 않다. 부지불식간에 언어가 실제를 대체할 믿을 만한 지도라는 생각이 너무도 강하기 때문이다.

심리학자 엘리자베스 로프터스Elizabeth Loftus가 진행한 연구도 있다.[10] 사람들에게 가벼운 자동차 접촉 사고를 보여 준 후 두 집단으로 나눈다. 한쪽에는 이렇게 묻는다. "차끼리 충돌했을 때 속도가 어느 정도였나요?" 다른 한쪽에는 이렇게 묻는다. "차끼리 접촉했을 때 속도가 어느 정도였나요?" 전자의 경우가 후자보다 확연하게 빠른 속도였다고 대답했다. 단순히 충돌과 접촉이라는 단어만 달랐음에도 동일한 현실을 서로 다르게 인지한 것이다.

이런 문제의 뿌리는 무엇일까? 많은 사람들이 언어를 현실에 대한 표현일 뿐이라 여기지 않고 현실 그 자체로 혼동하기 때문이다. 이런 오류는 남의 말을 너무 심각하게 받아들일 때 상당한 고통을 유발한다. 냉동식품이야 그저 먹으면서 '별로 신선하지 않군.' 하고 실망하면 그만이지만, 이보다 훨씬 더 극단적인 상황도 있다. 온라인에서 벌어지는 언어폭력으로 10대 아이들이 자살하는 일도 비일비재하지 않던가.

우리는 왜 끊임없이 분류할까?

범주화

좌뇌의 또 다른 특징은 끊임없이 범주category를 만들어 내는 경향성이다. 사실 좌뇌가 하는 거의 모든 일은 범주적인 속성을 갖고 있다. 언어부터 공간 내 사물을 인식하는 것까지 전부 실재를 쪼개고 판단해서 서로 다른 범주로 구분하는 일이다.

그럼 범주란 무엇인가? 그것은 현실의 또 다른 지도다. 그것은 단지 '저 바깥' 세상에 존재하지 않는 정신적인 표상일 뿐이다. 오직 인간의 마음에만, 그것도 좌뇌에만 존재하는 것이라고 해야 맞겠다. 범주는 좌뇌가 차이를 분별하고 서로 반대라는 개념을 창조하는 기반이 된다. 본질적으로 나눌 수 없는 하나를 어떤 공통되는 특질로 묶어 각각을 다르다 여기는 것이다.

인간이 상징을 기반으로 한 사고 행위를 할 때 범주는 매우 유용한 도구다. 예를 들어 이런 질문에 답해 보자. 당신의 집이 불타고 있다면 무엇을 먼저 구하겠는가? 아이, 강아지, 그리고 시간 여유가 된다면 귀중품? 각각의 사물을 하나의 묶음으로 만들자마자 갑자기 상황이 매우 달라져 보인다. 아이 모두(제레미만 구하는 게 아니고), 강아지 모두(보더콜리만 구하는 게 아니고), 그러고 나서 귀중품 모두(귀걸이만 구하는 게 아니고)가 되는 것이다.

생물학자에게 포유류라는 범주는 유용하다. 비록 그것이 개와 고래를 같은 것으로 취급하지만 말이다. 이렇듯 '동일 범주equivalence classes'를 만들어 내려면 다른 차이점은 무시되어야만 한다. 앞서 이야기한 지도 만들기와 비슷하지 않은가? 지도처럼 범주도 세부 사항을 생략한다. 게다가 범주화는 그 자체로 서로 나누고 분리하는 행위다. 양편에 검은색과 흰색이 있고 그 사이를 점차로 옅어지는 회색으로 자연스럽게 연결한 막대를 상상해 보자. 검은색이 흰색이 되는 순간은 언제인가? 범주를 만든다는 것은, 몇 가지 것들을 모아 하나로 묶은 후 그 외의 모든 것과는 다르고 분리되어 있다고 믿는 것이다. 당연히 이 모든 것은 주관적이다.

범주가 그저 우리의 정신적 표상에 불과하다는 점을 잊지 않는다면 범주는 매우 유용하다. 다시 말해 범주는 오직 마음속에, 그것도 우리가 그것을 인지할 때만 '어떤 것'으로 존재한다. 모든 문제는 이것이 마음속뿐 아니라 실제로 존재한다고 믿을 때 발생한다.

당신이 내가 근무하는 대학교에 찾아와 대학교를 보여 달라고 한다. 그럼 나는 건물 이곳저곳을 돌며 구경시켜 줄 것이다. 투어가 끝난 후 당신은 실망하며 말한다. "네, 이곳 저곳 잘 구경했습니다만, 대학은 어디 있나요?" 그럼 난 머리 왼편을 가리키며 이렇게 얘기할 수밖에 없다. "오직 여기 안에 있습니다." 이처럼 대학교는 범주로서 추상적으로만 존재한다. 또한 그렇기에 누구에게 물어봤는가에 따라 개념이 변할 수도 있다. 아무도 그것에 대해 생각하지 않고 있다면, 그것은 존재하지 않는 것이다. 국가도 똑같다. 아무도 인지하고 있지 않는 순간, 캐나다가 어디에 있단 말인가? 물론 땅이나 건물이 사라지지는 않겠지만 범주상의 구획은 관찰자와 판단에 의해 좌우된다. 캐나다라는 국가는 지도상에 임의적으로 그어 놓은 선들에 근거한다. 비록 아주 복잡한 국경 시스템을 마련했더라도 만약 캐나다라는 장소를 생각하는 사람이 아무도 없다면, 그 나라는 과연 존재한다고 할 수 있을까?

이제 안으로 시선을 돌려 보자. 좌뇌가 자아라는 느낌을 만들 때 범주화는 어떤 식으로 일어날까? "당신은 누구입니까?"라고 묻는 질문에 답할 수 있는 모든 방식을 생각해 보자. 내 경우 "나는 남자이고, 아버지이며, 남편이자, 교수이고, 작가입니다."라고 대답할 것이다. 하지만 좀 더 깊이 들여다보면 이 대답은 나 자신을 범주화하여 규정짓는 것일 뿐 '나는 누구인가'에 대한 근본적인 대답은 아니다. 혹시 내가 찾는 '나'라는 것이 대학이나 캐나다처럼 범주일 뿐인 건 아닐까? 당연히 내 몸, 내 뇌라는 물리적 실체는 여기 있다. 하지만 그것에 덧붙여진 '나'는 하나의 생각으로만 존재하며, 그것도 내가 떠올리는 순간에만 존재한다. 그렇다면 혹시 이 질문에 명확하게 답하지 못하는 이유가 당신이 말하는 '나'가 실재하지 않기 때문 아닐까?

이런 관점에서 보면 '나'는 언어로 표현되는 유용하고 범주적인 가상 인물에 불과하다. 그러나 우리는 똑같은 범주적 가상 존재인 대학교나 캐나다와 달리 '나'라는 존재는 온 마음을 다해 믿는다. 그 결과 우리는 좌뇌 해석 장치를 주인으로 모시면서 의도치 않은 상황을 마주한다. 고통받는 것이다.

좌뇌의 범주화 기능은 집착에 가까울 정도여서 스스로를 옭아매는 경우가 많다. 닭이 먼저인가, 달걀이 먼저인가? 만약 신이 모든 것을 창조했다면, 신은 누가 창조했는가? 이런 질문에 깊이 파고들수록 당신은 무한 반복되는 인과관계의 딜레마에 꽁꽁 묶이고 만다.

이것이 바로 좌뇌의 딜레마다. 범주화와 해석을 통한 이해력에는 분명 한계가 있다. 또한 그 한계에 빠르게 도달할 수 있음에도 불구하고, 저명한 심리학자와 서양 철학자까지 이 사실을 고려하지 않은 채 생각에 몰두하고 있다.

이 해석 장치를 넘어서고자 한다면, '범주적 사고방식을 넘어서려면 어떤 식으로 생각해야 할까?' 같은 질문은 확실히 피해야 한다. 만약 내가 당신에게 범주적으로 생각하지 않는 법을 가르쳐 준다 해도 이 역시 또 다른 범주일 뿐이다. '범주적으로 생각하지 않는 방법'이라는 책이 있다면 정말 웃긴 제목이 아닌가? 이미 '범주적 사고 대 비범주적 사고'라는 구분으로 범주화하고 있으니 말이다.

생각한다는 것은 곧 범주화하며 정보를 처리한다는 뜻이고 여기서 벗어날 방법은 없다. 그러나 우뇌에는 해석적 사고를 훌쩍 뛰어넘는 다른 방식의 지능이 존재한다. 이에 대해서는 4장에서 살펴볼 것이다.

끊임없이 떠오르는 이야기

판단

범주란, 마치 모래사장에 선을 긋고 원래 하나였던 걸 둘로 나누듯 만들어진다. 이 선을 어디에 그을지 정하려면 판단이 꼭 필요하다. 그래서 판단이 없다면 범주도 없다. 판단이 해석 장치와 가장 비슷한 말이라 해도 과언이 아닌 셈이다(도덕적인 의미의 판단은 제외하고). 해석한다는 건 곧 무언가를 판단하는 것이며 이는 필연적이다.

온도가 정확히 몇 도일 때 차가움이 뜨거움으로 바뀔까? 당신은 어떤 순간이 되어야 상처받았다고 느끼는가? 재앙이라 부를 수 있는 순간과 실패가 되는 순간은 언제인가? 가난에서 부가 되는 시점은? 행복과 슬픔의 경계는 어디일까? 당신은 이 모든 것을 어떻게 정의할 것인가?

이 사실을 인식하기만 해도 엄청난 변화가 생긴다. 해석 장치가 판단을 이용해 끝없이 범주를 창조하고 있다는 사실을 단순히 마음에 담고만 있어도 판단에서 자유로워질 수 있다.

쉽게 말해 해석 장치를 의식하고 있으면 그 해석을 심각하게 받아들일지 말지 선택권이 생긴다. 모든 사람의 뇌는 끊임없이 해석 활동을 하고, 그 해석은 매우 주관적이며, 부정확하고, 어쩔 땐 완전히 틀렸다. 이 진리를 깨달은 사람은 "내 말이 진실이야, 내가 맞아."라고 말하는 대신, "이건 내 의견일 뿐이야." 또는 "그냥 내가 보기에 그런 거야."라며 자신의 해석과 현실을 구분한다. 판단이란 단순히 모래사장에 그어진 또 다른 선에 불과하다는 걸 알게 되는 것이다. 누군가 "내 말이 진리야."라는 자세로 덤벼든다면 당신은 속으로 빙긋 웃으며, 그가 좌뇌에 지배당하고 있고 주인이 아닌 하인으로 지내고 있다는 걸 이해할 것이다. 결과적으로 그들의 행동이나 태도를 딱히 사적인 감정으로 볼 필요가 없다. 그건 그저 생물학적인 기능일 뿐이다. 비록 당사자는 눈치채지 못하겠지만 말이다. 이렇듯 아주 살짝만 관점을 바꿔도 나 자신을 비롯한 다른 이들과 잘 어우러져 살 수 있는 답이 나온다.

뿐만 아니라 해석과 판단이 좌뇌의 소임이란 걸 인지한다면 좌뇌가 만들어 낸 이야기는 더 이상 당신의 신경계 안에서 생리적 반응을 일으키지 못한다. "저 사람은 날 별로 좋아하지 않는 것 같아." 이런 생각이 들더라도, 전처럼 손바닥에 땀이 나거나 가슴이 뛰거나 생각이 소용돌이치는 일이 없다는 말이다. 이 자각은 당신이 살아가는 방식을 완전히 바꿀 것이다. 머릿속에서 끊임없이 일어나는 평가에도 심각해지지 않을 수 있다. 분별하고 판단하는 일 자체가 점점 줄어든다. 그냥 그런 일이 계속 일어날 수밖에 없다는 사실을 알기 때문이다.

인간을 살리기도 죽이기도 하는 것
믿음

좌뇌는 생각을 창조하는 데 그치지 않는다. 이 생각들을 종류별로 모아서 그룹을 만들고 그것을 유지하기 위해 애쓴다. 좋아하는 것과 싫어하는 것, 옳은 것과 옳지 않은 것, '응당 그래야 마땅하다'는 당위성을 만든다. 이를 신념 체계라고 부른다.

하지만 신념 체계는 대학교의 건물이나 캐나다의 땅처럼 바깥세상에 존재하지 않고 오직 좌뇌 안에서 그것을 떠올릴 때만 존재한다. 흔한 예시로 "우리나라가 최고다." "내 종교가 오직 하나뿐인 진리다." "아무개가 대통령이 되어야 한다." 같은 신념 중 그 어느 것도 세상에 독립적으로 존재하지 않는다. 누군가 머릿속에서 그것을 떠올릴 때만 존재한다.

게다가 각자 믿는 바가 다르다면, 우리 모두가 옳을 수는 없지 않은가. 다른 사람은 다 틀렸고 오직 나만 옳을 확률이 얼마나 될까? 당신과 좌뇌의 해석 장치를 과도하게 동일시하면, 그 믿음은 만들어진 관점일 뿐인데도 '당연히 그래야 마땅한 것'으로 보인다. 그래서 믿음이란 정말 흥미롭다. 몇 가지 매혹적인 방법으로 우리에게 실질적인 영향력을 행사하기 때문이다. 실제로 과학에서 믿음을 도구로 이용하는 경우가 있는데, 플라세보 효과placebo effect가 그 예다.[11]

플라세보란 실제로 전혀 효과가 없는 약이나 처치를 일컫는다. 예를 들면 생리 식염수 주사나 설탕으로 만든 알

약이 있다. 플라세보 효과는 자신이 받은 처치가 진짜라고 믿을 때 나타난다. 뇌가 효과가 있는 약을 받았다고 믿기 때문에, 환자는 위약을 복용하더라도 실제로 효과를 느낀다.[12]

플라세보 효과의 메커니즘이 아직 완전히 밝혀지지 않았지만, 특정 질환을 치료하기 위해 약을 먹고 있다는 믿음은 진짜 치료제와 동일한 방식으로 뇌를 변화시킬 수 있으며 이는 파킨슨병 환자를 대상으로 한 연구에서도 관찰된 바 있다.[13] 짐작하겠지만 플라세보 효과는 뇌가 '만들어진 지도'와 '실제 장소'를 혼동하는 가장 강력한 증거다. 이 현상 때문에 많은 임상 실험에서는 환자가 받는 약이 가짜인지 진짜인지 알 수 없게 하는데, 이를 맹검blind test이라고 한다. "지금 주는 약은 그냥 사탕입니다. 하지만 진짜 약이라고 믿어 주세요."라거나 "지금 진짜 약을 드렸습니다. 하지만 그냥 사탕이라고 믿어 주세요."라고 할 수는 없지 않은가. 그런 상황에서는 실험을 아무리 반복해도 진짜 약효인지 플라세보 효과인지 구분할 수 없다. 믿음을 통제할 수 없다는 것이 과학의 입장이기 때문에 임상 실험에서 플라세보나 대조군을 설정하는 것은 당연한 일이다.

동양의 철학, 특히 불교에서는 우리가 우리의 생각이나 신념이 아니라는 가르침을 설파한다. 물론 스스로 해석 장치와 동일시한다면, 즉 그것이 미치는 영향을 간과하고 그것에 사로잡히면 생각과 신념 그 자체가 **된다**고 말할 수 있을 것이다. 우리가 갖는 신념 중 어떤 것은 아무리 바꾸고 싶어도 바꾸는 것이 거의 불가능하다. 좋아하는 것, 싫어하는 것과 같은 선호도는 우리가 바꾸고 싶어도 결코 바꿀 수 없는 신념의 예다. 당신이 초콜릿을 정말 좋아하는데 그것을 싫어한다고 진심으로 믿을 수 있는가? 백만 달러를 준다 해도 당신이 알버트 아인슈타인이라고 진심으로 믿을 수 있겠는가? 그런 척하는 정도를 얘기하는 게 아니다. 당신의 근본적인 믿음을 정반대의 것으로 진심으로 바꿀 수 있겠느냐는 말이다. 아무리 애를 써도 의지만으로는 없던 신념을 만들어 낼 수 없을 것이다.

이처럼 믿음을 맘대로 통제할 수 없다는 사실은 믿음을 기반으로 하는 종교에서 불안의 근원이 된다. 대다수의 종교에서 영원한 구원이나 올바름의 기준이 특정한 믿음에 달려 있다는 조건을 내세운다. 하지만 없는 믿음을 만들어 낼 수는 없기에 진정한 믿음이 없다면 구원받을 수 없고, 바로 이 점이 신도들의 신경을 건드린다. 만약 저 위에 전지전능한 존재가 당신의 모든 생각을 읽을 수 있다는 믿음까지 더해지면, 당신은 믿는 척 사기도 칠 수 없다. 마치 아내가 어느 커튼이 맘에 드는지 물어볼 때 "이게 좋겠어."라며 짐짓 의견이 있는 척하는 것과는 전혀 다른 차원의 일이다.

자신의 신념과 과도하게 동일시하는 것이 얼마나 고통을 유발하는지 보자. 갈등의 주요 원인이 무엇일까? 우리는 왜 서로 싸울까? 지금 당장 아무 뉴스 채널에나 들어가 보면 도처에서 발생하는 극심한 고통들이 결국 서로 대립하는 신념 체계 때문이라는 걸 확실히 목격할 것이다. 어느 시대에나 사람들은 신념을 위해 죽을 수도, 죽일 수도 있었다. 단, 모든 신념이 그런 것은 아니고 자신이 믿는 바가 단지 신념에 불과하다는 사실을 망각할 때만 그렇다. 이것이 해석 장치가 생각으로 이루어진 신념을 실제 현실이라고 착각하는 방식이다. 그리고 그건 단순히 지도와 실제 장소를 혼동하는 것과 다르지 않다. 좌뇌는 세상에 대한 가설을 만들고 유지할 뿐 아니라, 마치 정말 그러한 것처럼 느껴지게 만든다. 이제껏 보아왔듯 좌뇌가 이야기를 지어내고 그것이 현실과 얼마든지 동떨어질 수 있음을 고려하면 이것은 실로 두려운 얘기다.

확실히 하자면, 신념 자체는 아무 잘못이 없다. 그것이 단지 신념일 뿐이란 걸 볼 수 있다면 말이다. 머리 왼쪽에 있는 뇌세포들과 신경 화학 물질이 일련의 과정을 거쳐 만들어 낸 결과물, 그게 신념이다. 선불교에서는 말한다. **"옳고 그름은 마음의 병이다."** 정확히 이 딜레마를 콕 집어내는 말이다. 옳음과 그름은 오직 믿음일 뿐이지만 그것을 너무 진지하게 받아들여서 '반드시 그러해야 할' 것으로 여긴다면 마음의 병이 생긴다.

좌뇌가 신념을 창조하고 유지한다는 사실을 알고 있어야만 나의 신념이 '옳다'는 집착에서 벗어날 수 있다. 그러면 새로운 사고의 세계가 열릴 것이고, 또 다른 해석적인 마음이 내가 '틀릴' 수도 있다고 생각할 가능성이 생긴다.

다시 내면으로 주의를 돌려 보자. '자아'라는 것이 좌뇌가 언어, 범주화, 판단을 사용하여 만들어 낸 개념이라는 가설이 너무 지나친 상상일까? 아니면 자아가 존재한다는 믿음에 너무 집착하는 나머지, 그 또한 단지 신념 중 하나로 여기지 못하고 '너무나 당연히 존재하는 것'으로 보고 있는 것일까?

자아라는 믿음이 한번 마음속에 뿌리내리면 거기서 끝이 아니다. 형성된 자아는 또 나눠지고 분류되면서 '자기계발'이라는 프로젝트를 진행한다. 그리하여 '지금의 나'와 '되고 싶은 나'라는 두 가지 자아를 만들어 낸다. 이런 내적 분열은 결국 좌뇌가 자기 일을 열심히 하고 있다는 또 하나의 예시다. 모든 것을 대립적인 범주로 나눠 버리는 게 좌뇌의 일이니 말이다.

바깥세상을 범주화하듯이 좌뇌의 해석 장치는 내부 세계에서도 똑같은 작업을 한다. 서로 충돌하는 두 개의 믿음, 즉 통제하는 자(현재의 자아)와 통제받는 자(미래의 자아)로 나눈다. 이 둘 사이의 분쟁은 결코 끝나지 않는다. 자기를 속이거나 확신하고, 자기를 사랑하면서 미워하며, 자기를 받아들이거나 밀쳐내는 종은 아마 인간이 유일할 것이다. 이러한 신념은 인류가 쓴 이야기의 근본적인 토대이기도 하다. 고대 그리스 시인 호메로스가 전한 드라마부터 오늘날 일간지의 헤드라인을 장식하는 사건 사고까지, 결국 다를 바 없는 이야기가 반복되고 있으니.

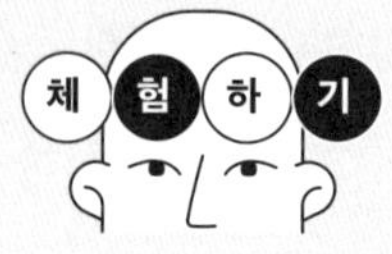

내 자아는 얼마나 강할까?

긍정 단어 vs. 부정 단어

이 활동은 스트룹 효과와 유사하다. 뇌가 긍정 단어와 부정 단어를 볼 때 어떻게 반응하는지 조사한 연구를 참고했다.[14] 예를 들어 NO라고 크게 써진 광고판을 보았다고 상상해 보자. 뇌는 그 즉시 어떤 반응을 보일 것이다. YES라고 크게 써진 광고판을 보았대도 역시 뇌는 어떤 반응을 보일 것이다. 깜짝 놀랄 수도 있고 호기심이 생길 수도 있다. 그러나 그것과는 다른 반응이 분명 있을 것이다.

이제 손으로 책의 다른 부분은 모두 가리고 다음 페이지의 NO라는 글자만 보이게 한 뒤 속으로 몇 번 읽어 보자. 그러고 난 뒤 같은 식으로 YES도 읽어 보자. 차이가 느껴지는가? yes에서는 긍정적인 느낌을, no에서는 부정적인 느낌을 받았는가? 이것이 바로 인간이 말에 힘을 부여했다는 증거다.

NO   YES

만약 또 다른 광고판에 러시아어든 뭐든 당신이 읽을 수 없는 언어가 쓰여 있다면, 거기에 yes라고 적혀 있든 no라고 적혀 있든 그건 중요치 않을 것이다. 당신이 이해하지 못하는 언어는 뇌에 아무런 반응도 일으키지 않을 테니까. 또한 당신은 yes나 no라는 단어가 전후 맥락 없이 단독으로 제시되었을 때 그 단어의 고유한 의미를 느낄 수 있다. 이 미묘한 효과를 찬찬히 살피다 보면, 특정 단어가 우리의 감정과 정신, 심지어 신체에도 영향을 미치고 있음을 짐작할 수 있다.

신념 잡아내기

자신의 신념을 잡아낼 수 있을까? 정치적 선호도로 예를 들어 보겠다. 당신은 진보당이 보수당보다 국정을 훨씬 잘 운영할 것이라 믿을 수도 있고, 그 반대 입장일 수도 있다. 무엇이든간에 당신은 진실로 그렇게 믿는가? 아니면 그 것을 하나의 신념이라 여기는가? 몇 분이라도 시간을 내서 당신이 가장 소중히 여기는 신념 몇 가지를 고른 다음, 그것 의 반대 입장에 어떤 좋은 점이 있는지 진심으로 생각해 보 기를 권한다. 이 연습은 믿음의 실체를 볼 수 있는 좋은 방 법이다. 그건 좌뇌에만 존재하는 그저 하나의 생각인 것이 다. 이를 다른 여러 신념들에 적용하면 좌뇌와의 동일시가 점차로 옅어질 것이다.

모순과 친해지기

다음 장으로 넘어가기 전에 잠시 모순의 힘을 느껴 보

자. 모순은 종종 해석 장치를 혼란에 빠뜨린다. 그래서 모순은 좌뇌에 깊이 사로잡혀 조종당하는 이들에게 전환점이 될 수 있다. 좌뇌와의 동일시가 적은 사람들은 역설적인 것을 훨씬 매력적으로 느끼는 경향이 있다. 이제 다음의 모순된 표현을 읽고 의식에 어떤 변화가 생기는지 관찰해 보자.

"다음 문장은 참이다.
앞의 문장은 거짓이다."

또 다른 훌륭한 예시가 있다. 알아차리려면 좀 더 시간이 필요하겠지만.

"이 문장에는 새 개의 오류가 포함돼어 있다."

두 개의 철자가 틀렸지만 오류가 두 개밖에 없다는 것이 세 번째 오류다. 세 번째 오류는 실체가 없다. 즉 이 문장은 거짓이어야만 참이 된다. 옳고 그름의 경계가 모호해지는 것이다.

마지막 문장이다.

"앞에 소개한 두 가지 예를 누가 썼든

그는 글을 쓸 줄 모른다."

수수께끼가 보이는가?

이 모순된 문장들은 오래된 선불교 수행법의 현대판이라고 볼 수 있다. 선불교에서는 이런 문장들을 '공안'이라고 불렀다. 공안은 무언가에 몰입함으로써 해석적 마음을 멍하게 만들어 끊임없는 생각에서 벗어나기 위한 도구였다.[15] 이를테면 "당신이 태어나기 전 당신은 어떤 모습이었나?"라든가 "한 손바닥으로 치는 손뼉은 어떤 소리가 나는가?" 같은 문장이다. 해석 장치의 관점에서 보면 이것들은 바보 같기 그지없는 질문들이다. 그럴 수밖에 없다. 결코 단정적으로 답할 문제가 아닐 테니까.

3장

생각이 멈추지 않는다

: 과몰입하는 좌뇌

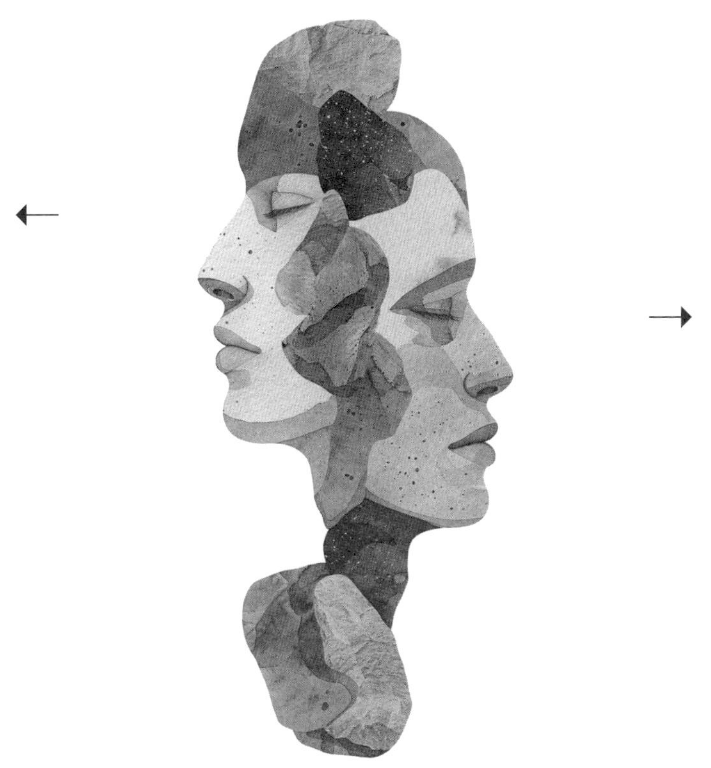

NO SELF NO PROBLEM

정체성이란 시공간에서 일어나는 사건들의

패턴에 불과하다.

패턴을 바꾸면 사람이 바뀐다.

-니사르가닷타 마하라지

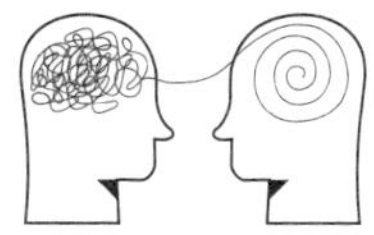

좌뇌는
패턴을 좋아해

지금까지 해석 장치가 쓰는 도구들을 살펴보았다. 나는 좌뇌가 언어, 범주화, 믿음, 판단이라는 도구를 매우 능숙하게 사용한다는 점에서 '패턴 생성 기계'라 부르고 싶다. 어쩌면 우주에서 제일가는 패턴 지각 기계일지도 모르겠다.

그 이유를 설명하려면 우선 언어와 범주화의 공통점을 따져 봐야 한다. 둘의 공통점은 패턴을 찾아내고 판단하는 것이다. 먼저, 언어는 주어-서술어의 순서나 동사의 활용형처럼 각종 문법적 패턴을 파악하고 있어야 제대로 사용될 수 있다. 범주화는 사물이 어느 범주에 속하는지 혹은 속하지 않는지를 판단하는 패턴이다. '혼란스럽다confused'와 '혼란수럽다coufnsed'의 유일한 차이는 철자의 범주적 배열 순서뿐이다. 그러므로 좌뇌가 언어와 범주화 양쪽에 뛰어나다는 것은 좌뇌가 곧 패턴 인지에 능숙하다는 반증이다.[1]

범주나 신념과 마찬가지로 사람들은 패턴 역시 실제 현실이 아니라 우리의 마음속에만 존재한다는 사실을 완전히 까먹고 산다. 게다가 패턴을 발견하는 능력은 우리가 세상과 교류할 때 너무나 당연히 사용하는 것이어서 좌뇌가 그 일을 하고 있다는 것조차 전혀 알아차리지 못한다.

예를 들어 지금 당신이 하고 있는 '읽기' 행위도 패턴을 발견하는 능력이 없다면 불가능하다. 읽기는 종이 위의 직선, 곡선, 점의 연속된 조합을 보고 어떤 의미가 있는지 찾아내는 과정이다. 그야말로 놀랍도록 강력하고 독특한 능력이 아닌가. 우리는 평소에 이 능력을 대수롭지 않게 여기면서, 지금 보는 건 종이 위의 자국에 불과하다는 사실은 잊어버린다. 그 사실을 기억해 내는 경우는 우리가 모르는 외국어로 적힌 글자를 볼 때뿐이다. 그것도 부분적으로만 그렇다. 왜냐하면 우리의 마음은 그것을 '내가 모르는 언어'

라고 인식하기 때문이다. 이는 패턴을 발견한 후 '외국어'라는 범주에 집어넣은 것이다.

기왕 읽기를 주제로 삼았으니 읽기와 관련된 좌뇌의 두 가지 특기인 '문법'과 '철자법'도 살펴보겠다.[2] 이 둘 모두 패턴이면서 규칙이 있다. 좌뇌를 다친 환자는 문법도 철자법도 잘 틀렸는데, '맞는' 패턴과 '틀린' 패턴을 구분하지 못했기 때문이다.

문법부터 이야기해 보자. 전 세계 76퍼센트의 언어가 주어-목적어-동사("짐이 사과를 먹었다.") 또는 주어-동사-목적어("Jim ate the apple.")의 형태를 취한다. 그런데 〈스타워즈〉에서 요다는 언제나 그 도인풍의 과장된 어조로 목적어-주어-동사 형태로 말한다. "배울 것이 많이, 너에겐 남아 있구나(Much to learn, you still have)." 이것은 우연이 아닐 수도 있다. 우리의 좌뇌는 이 구조에 익숙하지 않으며, 의도적이든 아니든 이런 말투는 해석 장치를 극복한 제다이 마스터의 모습을 보여 주는 듯하다. 결국 루크에게 주어진 마지막 교훈은, 제다이가 되려면 해석적인 마음을 극복하고 직감을 신뢰하라는 것이었으니 말이다.

철자법도 패턴을 읽어 내는 능력에 의존한다. sing과 sign 사이에 알파벳의 위치 말고 어떤 차이점이 있겠는가? 내 경우 이 둘을 자꾸 혼동해서 괴롭다. 학생들에게 보내는 이메일에 "강좌에 등록했다(sign them up for my class)."라고 써야 할 것을 "노래 부른다(sing them up for my class)."라고 쓰곤 한다. 이런 증상을 난독증dyslexia이라 하는데 좌뇌 때문일 가능성이 많다. 실제로 다양한 언어권에서 난독증 환자를 조사했더니 좌측 반구가 상대적으로 작았고 표면도 정상인과 달랐다고 한다.[3]

시각적 표현 방식도 패턴에 전적으로 의존한다. 다음 그림을 살펴보자.

배우 브래드 피트가 보일 것이다. 하지만 엄밀히 말하면 종이 위에 수없이 찍힌 검은 점에 불과하다. 여기서 패턴을 보고 그것이 브래드 피트라고 판단하는 과정은 오직 마음속에서만 일어난다. 일련의 검은 점 속에서 패턴을 읽어 내는 좌뇌의 능력, 정말 매혹적이지 않은가?

이 그림은 브래드 피트를 묘사하는 일종의 환영이며

'진짜' 그가 아니라는 점은 누구나 동의할 것이다. 그렇다면 이 책의 주제를 다시 생각해 볼 때, 좌뇌가 내면을 들여다보며 자아라는 환영을 보는 것도 가능한 얘기 아닐까? 물론 브래드 피트 그림을 볼 때와는 달리 사람들은 자아가 진짜 있다고 믿을 테지만 말이다.

심리학계에서 뇌가 패턴을 인식한다는 사실을 처음 공식적으로 인정한 건 헤르만 로르샤흐Hermann Rorschach 박사의 연구 덕분이다. 그는 그 유명한 잉크 반점 검사inkblot test를 1920년대에 고안해 냈다.[4] 일명 로르샤흐 검사에서는 사람들에게 잉크 얼룩을 보여 주고 거기서 무엇이 보이는지 묻는다. 지금 당장 해 볼 수 있다. 다음 페이지의 그림을 보고 거기서 뭐가 보이는지 생각해 보자.

이 검사는 투사 검사projective test라고도 하는데, 그 이유는 이 검사가 고안된 당시에 환자가 무작위 얼룩무늬를 보며 내면의 무의식적 문제들을 투사할 것이라 믿었기 때문이다. 하지만 이 검사로 진짜 밝혀진 사실은 패턴 인식 장치가 무작위한 것에서도 언제나 의미를 만들어 내고 무언가를 발견한다는 사실이었다. (사실 이 검사의 가장 큰 문제는 환자의 패턴 인식 장치가 어떤 경향성을 드러냈더라도, 검사하는 사람에 의해 다시 해석되면서 또 다른 패턴 인식 장치를 거치기 때문에 왜곡될 수밖에 없는 점이다.)

로르샤흐 검사처럼 사람들이 있지도 않은 패턴을 보는 게 별일 아닌 것 같지만 이 현상은 좌뇌가 어떻게 '나'라는

느낌을 창조했는지에 대한 단서다. '있지도 않은 패턴을 본다'는 것. 다시 말해 좌뇌는 우리의 마음속에 일관적으로 등장하는 호불호, 판단, 신념을 기억했다가 이것들을 인식하는 하나의 관찰 지점을 발견한다. 그리고 이 모든 것을 엮어서 '나'라는 이름의 패턴을 본다.

패턴 식별 능력은 세상을 살아가면서 꼭 필요하고 여러모로 유용하지만, 좌뇌가 끊임없이 패턴을 찾으려 한다면 도움은커녕 더 복잡해질 때도 있다. 예를 들어 사람들을 화면 앞에 앉혀 놓고 불빛이 화면 상단에서 출현할지 하단에서 출현할지 맞혀 보게 하는 간단한 실험이 있다. 불빛은 무작위로 출현했지만 사실 80퍼센트는 상단에서 출현하도록 설계되었다. 사람들은 대부분 불빛이 상단에서 더 자주 출현한다는 사실을 금세 알아차렸지만, 끊임없이 '퍼즐을 풀려는' 좌뇌의 습성 때문에 확실한 패턴을 찾으려 애썼다. 그 결과, 정확도는 고작 68퍼센트밖에 되지 않았다. 그 정도면 높은 수치가 아닌가 싶겠지만 같은 실험을 쥐에게 진행하자 80퍼센트의 정확도가 나타났다.[5] 쥐는 골치 아프게 패턴 따위는 찾지 않는다. 이것은 해석 장치가 있지도 않은 이야기를 만들어 내기 위해 있지도 않은 패턴을 찾아 헤맨다는 것을 증명하는 완벽한 예다. 쥐보다 12퍼센트 손해를 봤음에도, 참가자 중 누구도 자신이 있지도 않은 패턴을 만들어 내고 있다는 사실을 전혀 눈치채지 못했다.

무작위의 혼돈 속에서 어떤 패턴을 찾는다. 그리고 그것을 근거로 마음이 이야기를 지어낸다. 계속 살펴보았지만 이는 불필요한 고통, 불안, 우울을 유발할 수 있다. 앞서 직장 동료들이 자기를 싫어한다고 오해했던 친구 이야기로 돌아가 보자. 그녀는 동료들이 한쪽 구석에서 자기를 힐끔거리며 속닥이는 걸 목격한다. 그녀의 좌뇌는 있지도 않은 어떤 패턴을 읽어 낸다. '모략을 꾸미고 있군.' 그러고는 슬픔, 공포, 불안 등의 온갖 감정을 느끼며 오랜 시간을 견뎌야 했다. 실은 깜짝 생일 파티를 계획하던 중이었는데 말이다. 사소한 일 아니냐고? 하지만 잘 생각해 보자. 당신의 좌뇌가 이런 식으로 존재하지 않는 패턴을 보고 사실이 아닌 이야기를 만들어 낼 때가 얼마나 많은지 말이다.

<h2 style="text-align:center">자아를 유지하려는
좌뇌의 몸부림</h2>

신경전달물질이 패턴 인식 능력에 영향을 끼친다는 증거가 있다. 그래서 좌뇌와 우뇌의 신경 화학적인 차이를 이해하는 것이 중요하다.[6] 좌뇌는 도파민이 우세하며 우뇌는 세로토닌과 노르에피네프린이 우세하다. 도파민은 사랑에 빠졌을 때 느끼는 희열부터 몸의 움직임까지 다양한 기능과 관련이 있다. 1950년대 이후부터 학자들은 조현병이 과도한 도파민 때문이라는 가설을 내놓았다. 조현병의 대표

적인 증상은 존재하지 않는 패턴을 보는 것, 이른바 환각
hallucination이다.

　도파민 수치가 높으면 패턴을 찾는 경향성이 높다는 사
실을 밝혀낸 한 흥미로운 연구가 있다.[7] 이 연구는 피험자
를 성향에 따라 두 그룹으로 나누었다. 한쪽은 무작위 그림
에서 어떤 패턴을 잘 찾아내는 성향이 있는 사람들(음모론
자 그룹)이었고, 다른 한쪽은 같은 무작위 그림을 보고도
전혀 패턴을 보지 못하는 사람들(회의론자 그룹)이었다. 이
들은 단어와 얼굴이 뒤죽박죽 섞인 그림을 보고 이것이 실
제 단어인지 얼굴인지 또는 단어와 얼굴이 섞인 이미지인
지 구분해야 했다. 결과적으로 두 그룹 모두 실수를 저질렀
다. 음모론자 그룹은 아무것도 없는 그림에서 패턴을 찾아
냈다. 회의론자 그룹은 실제로 단어나 얼굴이 있는데도 놓
치는 경우가 많았다. 이때 혈중 도파민 농도를 높이자 회의
론자 그룹이 음모론자 그룹처럼 아무것도 없는 데서 패턴
을 보기 시작했다. 도파민이 패턴 지각 능력을 높인 것이다.
그리고 시간이 지나 도파민의 농도가 떨어지면 다시 예전
수준으로 돌아왔다.

또 다른 재미있는 연구도 있다. 자아가 위협을 느끼면 패턴을 찾아내는 경향성이 증가한 것이다.[8] 이 실험에서는 밝기와 색상이 무작위로 바뀌는 단순히 시각적 잡음에 불과한 그림을 사람들에게 보여 주었다. 단, 첫 번째 그룹은 안전한 상황에서 진행했고 두 번째 그룹은 비행기에서 뛰어내리기 직전에 진행했다.[9] 비행기에서 뛰어내리는 행위는 일명 자아라고 알려진 패턴에게 종말을 맞이할 수도 있다는 극도의 두려움을 유발한다. 두 번째 그룹의 사람들은 의미 없는 무작위 그림에서 숫자와 같은 패턴을 인식하는 경향이 훨씬 높게 나타났다.

자아는 생각을 통해 자신의 존재를 증명하려는 경향성이 있는데, 이는 불교에서 파악한 자아의 특징이기도 하다. 숙련된 명상가들은 하나같이 처음 명상에 입문하면 마음이 고요해지고 머릿속 목소리가 잦아들기 시작하다가 느닷없이 일단의 생각들이 떠오르는 경우가 있다고 한다. 이는 소위 자아라는 이미지를 유지하려는 가장 중요한 몸부림이다. 그 덕분에 명상가들은 자신이 가장 집착하고 있던 이야기와 문젯거리를 알아차리게 된다. 마음이 고요해지려고

하면 자꾸만 같은 생각이 반복적으로 떠오르기 때문이다. 동양의 성인들은 마음이 이런 식으로 '끊임없이 이야기하려는' 이유가 그것이 존재할 수 있는 유일한 방식이기 때문이라고 말한다. 나는 이 말에 동의한다. 자아는 명사라기보다 동사에 가깝다. 그것이 존재한다고 생각할 때만 존재한다. 생각하는 과정이 곧 자아이기 때문이다.

신경심리학과 불교의 가르침을 함께 보면 알 수 있는 사실이 있다. 이른바 자아라는 일종의 패턴이 존재를 위협받거나 정체가 탄로 날 위험에 처하면, 새로운 자아 또는 재해석된 버전의 자아를 지지하기 시작한다는 것이다. 이 가설은 지금도 확인해 볼 수 있다. 자존심이 상했던 경험을 떠올려 보자. 스스로 바보 같다거나 창피했던 적이 있는가? 이 순간 자아는 더 이상 안전하지 않다는 느낌을 받고 잽싸게 사건을 재해석하기 시작한다. 남들을 깎아내리는 것('저 녀석들 의견 따윈 들을 가치가 없다.')부터 자신의 또 다른 측면에 주목하는 것('내가 쟤보다 돈은 없지만 훨씬 똑똑하지.' 또는는 자신이 얼마나 애국자인지, 얼마나 영적으로 뛰어난지 등 위협받은 자아를 상쇄할 만한 또 다른 자아 패턴)까지 아주 다양한 방식으로 말이다. 신경심리학의 관점에서 이러한 방어 기제는 좌뇌가 예기치 못한 패턴 변화를 재조정하는 과정에서 발생하는 것이다. 불교의 관점에서는 자아가 소멸될 위기에 처할 때 스스로를 재창조하는 것으로 본다. 결국 이 두 입장은 같은 것이라고 나는 생각한다.

2006년, 트래비스 프루Travis Proulx와 스티븐 하이네Steven Heine 박사는[10] 사람들이 살면서 갖게 되는 다양한 믿음, 원칙들이 위협받을 때 어떤 일이 일어나는지 연구하였다. 결론은 이렇다. 어떤 신념이 흔들리면 인간은 자기가 갖고 있는 다른 신념으로 고개를 돌리고 그 강도를 높인다. "확고한 믿음이 위협받으면 사람들은 일종의 흥분을 경험합니다. 이것은 그가 가진 다른 신념들을 강화하지요." 연구자들의 말이다. 연구를 반복해도 똑같은 결과가 나왔다. 피험자들은 한 가지 믿음이 흔들리면 다른 믿음을 강화했다. 마치 잃은 것을 보상하려는 것처럼 말이다. 이것이 무엇을 의미할까? 의심 없이 믿은 나의 어떤 면이 실은 그렇지 않다고 위협받을 때, 우리는 내가 가진 또 다른 면을 강하게 붙잡는다는 말이다.

대학에서 약 80명의 교수들이 모인 자리에 참석한 적이 있었다. 모임의 성격을 잘 몰랐고 개회 인사에도 별 신경을 쓰지 않았던 나는 무심코 자리에서 일어나 주변에 있던 교수들에게 자기소개를 했다. 3초 후, 자기소개를 한 사람은 나뿐이란 걸 깨닫자 어색함과 민망함이 밀려왔다. 자리에 앉자마자 내면의 목소리가 폭주하기 시작했다. 가족이나 친구처럼 내게 익숙한 인물들을 떠올리며 이 심대한 불안을 해소하기 위해 안간힘을 쓰기 시작한 것이다. '자신' 또는 '자신의 가치'를 위협한다고 인식된 것을 깊이 생각하지 않으려는 몸부림이었다. 소위 '창피함'과의 싸움이다.

평범한 일상에서 이런 경우가 종종 있다. 평소답지 않은 이상한 행동을 할 때 말이다. 그러나 그 이유를 알아내려면 너무 많은 시간과 노력이 든다. '나'라는 패턴을 다시 살펴야 하니까 말이다. 차라리 좌뇌는 이렇게 결론 내린다. '제정신이 아니었어.' '뭔가에 씌었군.' 이상한 행동을 미스터리로 남기면 본인이 생각한 '나'라는 거대한 패턴이 다시 유지된다.

이 모든 이야기의 핵심은 분명하다. 당신의 어깨 위에,

우주에서 가장 진보된 형태의 패턴 인식 기계가 정체를 숨긴 채 작동하고 있다는 것. 최신 인공지능 컴퓨터를 가져와도 평균적인 인간의 패턴 인식 능력에 못 미친다. 우리는 패턴을 보고, 사물을 범주화하고, 그 패턴을 표현할 언어까지 창조한다. 그것도 이 모든 일을 찰나에 해치운다.

이토록 정교한 패턴 인식 기계가 마음에서 작동한다면 과연 어떤 일이 일어날까? 수많은 생각과 정신적 반응들을 보며 일관성 있는 무엇, 소위 자아라는 것을 '찾지' 못할 이유가 있겠는가? 끝끝내 신경심리학이 찾지 못하고 부처가 존재하지 않는다 말한 무형의 자아는 실은 뇌의 메커니즘이 만들어 낸 신기루가 아닐까? 이것을 증명해 내려면 인공지능에 좌뇌의 모든 특성을 입력한 뒤 마음껏 작동하도록 풀어 놓는 실험이 필요할 것이다. 결국 인공지능은 복잡한 자신의 내면을 들여다보면서 '자아가 있다'고 믿게 되리라.

좌뇌의 패턴 인식 기계는 항상 작동하는 일종의 생물학적 기능이며 사실상 멈추는 게 불가능하다. 하지만 그렇다는 사실을 아는 것만으로도 모든 것이 좀 더 괜찮아진다.

이 세상을 헤쳐 나가는 데 상당한 도움이 될 것이고 당신이 겪는 고통 또한 줄어들 것이다.

신기루 같은
자아의 탄생

지금까지 살펴본 내용을 정리하기 위해 다음 그림을 한 번 보자. 좌뇌의 특기가 무엇인지 기억하는가? 이야기를 지어내고, 말이 되게 설명하려 하고, 분류하고, 아무것도 아닌 것에서 패턴을 찾아내는 것. 다음 그림에 있는 조각난 검은 원과 구부러진 선들을 자아를 이루는 여러 요소들이라 생각해 보자. 이 중심에 이 요소들을 하나로 묶어 주는 이야기가 생긴다. 실제로는 존재하지 않는 삼각형이 보이기 시작하는 것이다. 이야기의 주인공 '자아'가 탄생하는 순간이다.

보다시피 그림에 삼각형은 존재하지 않는다. 우리가 삼각형의 형태를 느끼는 건 주변을 이루는 선과 원의 빈 공간

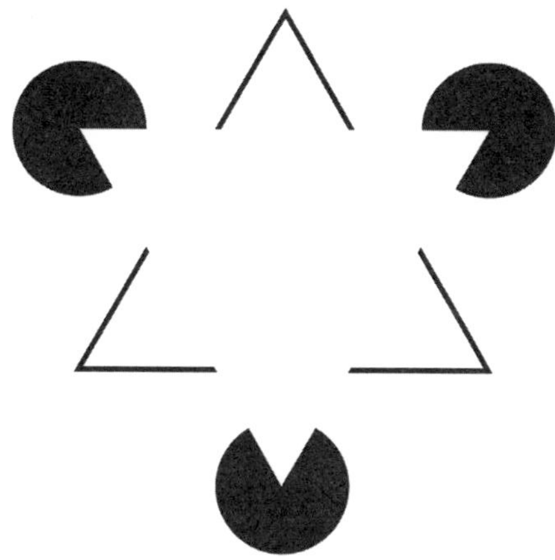

을 해석해 그 반대 형태를 추론해 낸 결과다. 나는 이 삼각
형을 보는 방식이 당신이 개별적 자아가 존재한다고 느끼
는 방식과 똑같다고 생각한다. 둘 다 추론inference으로 창조
되는 느낌에 불과하기 때문이다.

원과 선을 보고 삼각형이 있다고 추론하는 과정은 내
면을 들여다보고 개별적 자아가 있다고 추론하는 과정과
똑같은 방식으로 일어난다. 삼각형도 내면의 자아도 전부
주변을 둘러싼 정보들 때문에 있다고 느껴질 뿐, 자세히 들
여다보면 그것들이 단지 암시에 불과하며 물리적 실체는 없

다는 것을 알 수 있다.

불교와 도교를 비롯한 여러 동양 사상에서 수천 년간 이야기한 바와 궤를 같이하는 결론이다. 우리가 '나'라고 생각하는 자아는 단지 환영이다. 추론일 뿐이다. 지금까지의 이야기를 바탕으로 신경심리학 역시 같은 결론을 향해 나아가고 있단 걸 당신도 알게 되면 좋겠다. 확실히 해 둘 것은, 자아가 환영이라고 해서 그것이 전혀 존재하지 않는다는 뜻이 아니라 사막 한가운데 신기루와 유사하다는 것이다. 오아시스를 본 건 사실이지만, 그때 본 오아시스에는 실체가 없다. 똑같은 이유로 자아의 이미지는 실재하지만, 그것을 자세히 보면 그건 단지 이미지일 뿐 그 이상도 이하도 아니다. 오아시스와 자아의 이미지 둘 다 단지 하나의 개념 또는 생각일 뿐이다. 그리고 그것을 보고 그것에 대해 생각할 때만 거기에 있다.

좌뇌가 자아라는 환영을 창조하는 과정은 이렇다. 당신과 남들이 범주적으로 다르다는 패턴을 감지한다. 그렇게 관찰한 것을 기억, 선호도, 그리고 몸과 마음을 운전하는 '조종사'의 관점과 합쳐 자아라고 인식한다. 각자의 자아에 대한 정의는 나와 타인의 차이를 어떻게 인식하느냐에 따라 달라진다. '내가 아닌 것' 없이 '나'는 있을 수 없다.

이 점은 일상에서 쉽게 알 수 있다. 당신의 '자아'는 타인과의 관계 속에서 정의된다. 나는 아버지, 교수, 작가 등으로 '나'를 정의하며 타인과 구별한다. 당신은 어떤가? 만약 '나'를 교양 있고 똑똑한 사람으로 정의한다면 그런 사회적 범주에 자신을 포함시킨 것인데, 이 범주는 상대적으로 천박하고 그리 똑똑하지 않은 사람들이 존재한다는 전제가 있어야만 성립한다. 이 세상 모든 사람이 교양 있고 똑똑하다면 당신이 정의한 그 범주는 아무 의미가 없다. 당신을 외향적이라고 정의하려면 비교적 내향적인 사람들이 있어야 한다. 당신이 남성이려면 같은 의미로 여성이 필요하다. 이러한 상대성과 의존성을 가장 간결하게 표현한 것이 도교의 상징 태극이다. 양을 정의하기 위해 음이 필요하고 그 반대도 마찬가지다.

심리학과 수많은 자기계발서에서 현재의 나, 되고 싶은 나를 구분하며 일종의 범주 만들기 놀이를 반복한다. 우리는 스스로를 둘로 쪼갠 뒤 더 나은 나로 살지 못할 때 고통을 느낀다. 우리는 더 똑똑해지고, 더 매력적이고, 더 성공하고 싶다. 이 모든 바람이 바로 우리의 '문젯거리'다. 더 나은 내가 되는 수많은 조건 중 자아를 완전하게 만족시키는 경우는 결코 없다. 그리고 우리는 이 사실을 깨닫지 못한다. 커다란 비극이지 않은가? 자아의 입장에서는 계속 존재하기 위해 계속 생각해야 하고 똑똑함, 매력, 성공의 기준을 계속 바꿔야 한다. 즉, 자아는 언제나 모자란 상태에 머무르기 위해 끊임없이 새로운 '더 나은 나'의 기준을 만들어 낸다.

다시 한번 상기하자면, 여기서 고통suffer의 정의는 우리가 더 나은 내가 되고자 그렇지 않은 나를 배척하는 과정에서 발생한 슬픔, 실망, 고뇌라는 감정으로 만들어진 것이다. 좌뇌는 단지 자기 할 일을 할 뿐이다. 그러나 우리가 좌뇌와 완전히 동일시하여 그것이 나 자체라고 믿을 때, 고통은 압도적이다.

또 하나 주의할 점은 해석 장치를 알아차리지 못했다고 자신을 책망하거나 죄책감을 느끼지 않는 것이다. 이는 고통을 극복하는 데 눈곱만큼도 도움이 되지 않는다. 자책 또한 자아가 스스로를 재창조하는 방법이다. 앞서 말한 현재의 나, 되고 싶은 나를 나누는 게임과 다르지 않으며 그저 자아에게 먹이 하나를 더 던져 줄 뿐이다. 기억하라. **생각한다는 건 그 자체로 범주화하는 과정이다. 거기에 예외는 없다.** 여기서 요령은 나의 생각과 나를 분리하는 것, 그래서 생각을 심각하게 받아들이지 않는 것이다. 생각을 '마땅히 따라야 할 것'이 아니라 그저 '일어날 뿐인 일'로 본다.

마지막으로 다음 그림을 한번 살펴보자. 삼각형은 어디로 갔을까?

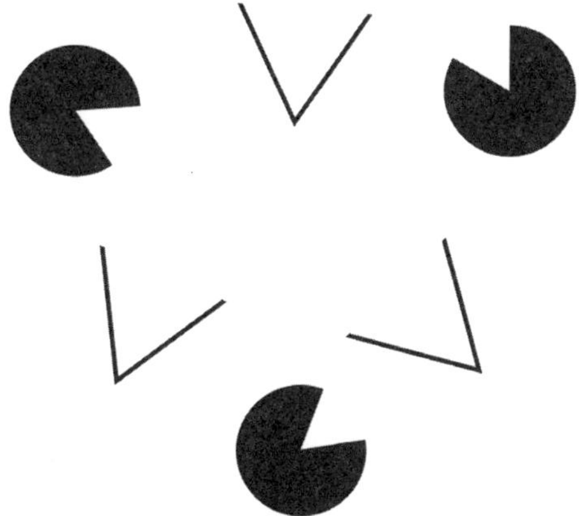

삼각형으로 추론되던 부분은 사라졌지만 그것을 이루고 있던 공간은 여전히 존재한다. 아까도 텅 비어 있었고 지금도 텅 비어 있는 것을 보라. 아마도 동양 철학의 핵심 원리 중 하나가 공空일 수밖에 없는 이유가 이것이지 싶다. 존재하는 모든 것이 바로 이 텅 빔에서 일어난다는 깨달음. 무엇이 이 텅 빔을 인식하고 있는가? 그것을 알아차림 또는 의식이라 부를 수 있지 않을까? 펼쳐진 공간을 아무런 판단 없이 지켜보는 것. 설명할 수 있는 것은 딱 여기까지다. 좌뇌는 이런 걸 싫어한다. 언어, 범주, 지도 만들기를 사랑하는 좌뇌에게 텅 빔은 권세의 종말을 의미하기 때문이다.

좌뇌를 '나'로 믿는 행위는, 밤하늘을 수놓은 오리온자리가 실제로 독립적인 존재라 믿는 것과 다르지 않다. 별자리는 특정한 각도에서 보이는 별들의 집합일 뿐이며 거기서 마음이 어떤 패턴을 보고 오리온자리라고 이름 붙였을 뿐이다. 이런 소리를 들으면 오리온자리가 실재하지 않는다는 사실에 실망할 수도 있다. 하지만 조만간 '평생 짊어져야 한다'고 배웠던 무거운 짐을 내려놓은 듯한 해방감을 느끼게 될 것이다.

자아를 '해석 중독자'로도 비유할 수 있다. 약물 중독자가 매일 약물을 찾는 것처럼 자아는 매일 고치고 개선할 거리를 찾아 헤맨다. 그것도 아주 다양한 방법으로 말이다. 예를 들면 보고 듣고 느낀 것으로 이야기 지어내기, 나와 타인을 구분하기, 옳고 그름 판단하기. 그리고 이 모든 과정을 통해 '당신you'을 '당신 자신yourself'으로 정의한다.

당신도 눈치챘을 것이다. 이러한 사고방식에서 모든 문제가 시작된다는 것을. 좌뇌는 현실을 있는 그대로 받아들이지 않는다. 현실을 끝없이 해석하고 왜곡하는 일에 미친 듯이 매달린다. 목적을 달성하고 의미를 찾아내면 당장은 기쁘겠지만 결국 필연적으로 고통에 봉착한다. 대부분의 사람들은 이것이 쳇바퀴 돌듯 반복되고 있다는 사실조차 모른다.

누군가는 이 가설이 너무 단순하다는 이유로 믿지 않을지도 모른다. 인간의 수많은 고민과 고통이 기껏 폭주하는 좌뇌 하나 때문에 생긴 거라고? 학자로서 나는 이 단순성에 이의를 제기하는 수없이 많은 소리를 들었다. 이에 대해서 설명하라면 나도 방법이 없다. 복잡한 관념을 좋아하는 좌뇌의 목소리가 단순한 진실을 의심하는 모습을 내면에서 직접 느껴 보라 하는 수밖에. 언젠가 우주의 모든 힘을 아울러 설명하는 하나의 이론이 완성된대도, 그 또한 너무 단순해서 믿기 어려울 것 같다는 상상을 해 본다.

여기까지 우리는 좌뇌에 대해 알아보았다. 인간이 경험하는 수많은 고통이 실은 좌뇌에 편향된 사고 때문이며, 그것이 어떻게 허상의 자아를 만들어 내고 그 자아가 어떻게 스스로를 진짜 주인이라고 주장하는지 말이다. 다음 장부터는 우뇌를 집중적으로 살펴보려 한다. 좌뇌가 어떻게 우뇌를 묵살하고, 폄하하고, 가볍게 여겼는지 알아보겠다. 내가 보기에 이는 인류의 손실이 아닐 수 없다. 좋은 소식 하나. 우리가 우뇌를 자각할수록 삶에 균형이 생기기 시작할 것이다.

내 안에 몇 명의 내가 있을까?

좌뇌는 일관성을 사랑한다. 하지만 불교에 '무상無常'이라는 말이 있듯 세상은 끊임없이 변화하는 흐름 안에 있다. 일관성에 집착할수록 우리는 단단한 실체가 있고 통제력을 가진 자아라는 환영을 고집하게 된다. 하지만 지금까지 우리가 살펴본 바에 의하면 자아란 차라리 흘러가는 강물에 가깝다. 생각하고, 지각하고, 어떤 감정을 느끼는지에 따라서 끊임없이 변하는 것이다.

내가 하는 강의에서 하루를 꼬박 쓰는 실습이 있다. 하루 동안 얼마나 많은 '나들'이 나타났다 사라지는지 느껴 보는 활동이다. 당신도 해 보길 권한다. 가장 먼저 떠오르는 건 '직장인 나'와 '집에서의 나'가 있지만 이조차도 더 잘게 나눌 수 있다. 예를 들어 직장에서 '친한 동료와 함께 있을 때의 나'와 '그렇지 않은 동료와 있을 때의 나'는 다르다. 또 휴게실에서 유리잔을 깨뜨리고 짜증과 당황스러움에 '무안한 나'가 등장하고, 예정된 미팅이 갑자기 취소되자 커다란 안도의 한숨을 내쉬는 '안심하는 나'가 등장한다.

나는 이런 걸 보면서 '나'라는 존재가 플립북flip-book 같다고 생각했다. 여러 장의 종이 귀퉁이에 조금씩 다른 그림을 그린 다음 빠르게 넘기면 연속된 애니메이션이 나타나는 것처럼, 현실은 서로 다른 100개의 그림이 있건만 마음이 이것들을 이어 붙여서 마치 하나의 인물이 움직이는 것처럼 느끼게 한다.

하루 동안 자신의 모습을 관찰해 보자. 그럼 수시로 변하는 당신의 자아를 볼 수 있을 것이다. 몇 명의 '나들'이 나타났다 사라질까? 하루에도 이렇게 많은 내가 있다고 깨닫는 것만으로 늘 변함없는 '나'라는 환상이 허물어진다. 언제나 한결같아야 할 의무 따위는 없다. 우리는 홀가분해질 수 있다. 가끔 '분노하는 나'를 마주할 때가 있겠지만 그건 플립북의 한 페이지에 지나지 않는다. 금세 다른 감정, 다른 지각, 다른 생각을 지닌 또 다른 '나'로 교체될 것이다. 마치 해가 뜨고 지는 것처럼 '나들'이 왔다가 갈 뿐이다. 그러니 어떤 '나'에 집착하고 어떤 '나'를 미워할 필요도 없다. '나쁜 나'와 '착한 나' 사이에서 씨름할 필요도 없다. 그렇게 되면 엄청난 정신적 에너지를 아끼고 세상을 경험하는 방식이 근본적으로 바뀐다.

마지막으로 이런 경우가 있다. 어떤 행위에 너무나 몰두한 나머지 그 순간 어디에도 내가 느껴지지 않는 경우. 그 직전에도 직후에도 내면의 나를 느꼈지만 그 순간만큼은 내가 없다. 이것이 책의 핵심적인 질문이다. 아무도 '나'에 대해 생각하지 않을 때, '나'는 어디에 있는가?

4장

무의식인 줄 알았던 것

: 침묵하는 우뇌

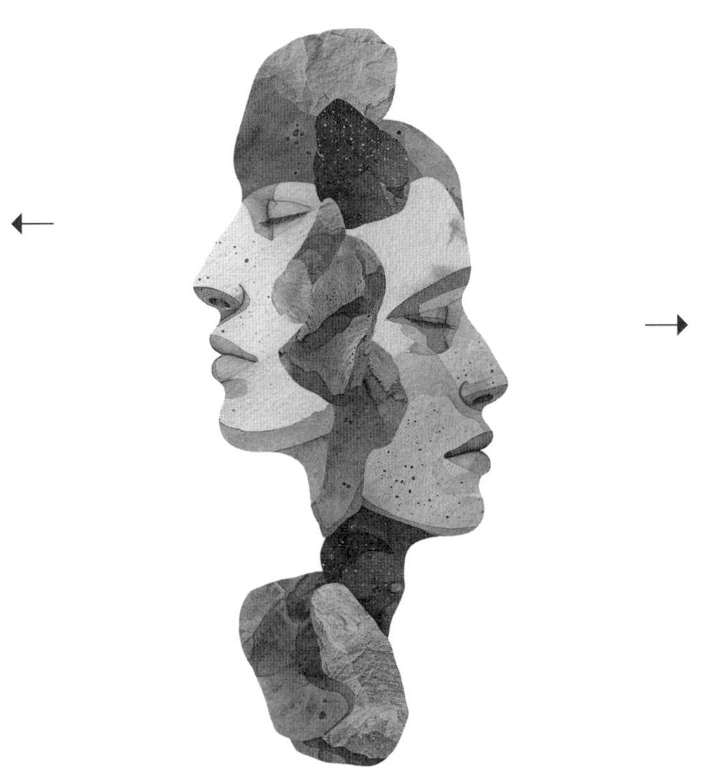

NO SELF NO PROBLEM

침묵은 신의 언어, 그 외 모든 것은 형편없는 번역일 뿐.

-루미

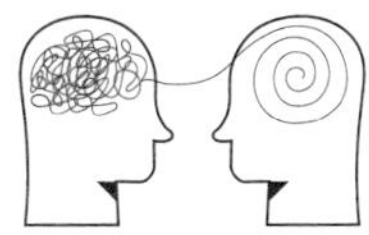

좌뇌가 꺼진
뇌과학자

1996년 12월, 신경과학의 역사를 영원히 바꿔 버린 사건이 일어났다. 갑작스런 뇌졸중으로 질 볼테 테일러Jill Bolte Taylor 박사의 좌뇌 전원이 꺼져 버린 것이다.[1] 신경해부학자에게 그런 일이 일어났다는 건 뭔가 우주적이고 신의 섭리 같은 우연이 틀림없다. 테일러 박사는 뇌졸중이 오기 전까지 평생 뇌를 부위별로 나눈 뒤 이름 붙이는 일을 해 왔다. 그녀의 좌뇌를 이용해서 말이다. 그런데 그런 그녀의 좌뇌가 처음으로 강제 종료되었다. 그리고 처음으로 우뇌 의식이 무대의 전면에 등장했다.

수년 후, 뇌졸중에서 회복된 테일러 박사는 드디어 그 간의 경험을 이야기할 수 있었다. 평생 끊임없이 들리던 내면의 목소리가 뇌졸중을 겪는 동안 처음으로 잠잠해졌다. 그때의 느낌을 그녀는 이렇게 표현했다.

"내 인생의 기억들과 분리되고, 무한히 확장되는 은총의 느낌 앞에 마주서게 되었습니다."

어디까지가 나이고 어디서부터 그 외 모든 것인지 경계를 알 수가 없었다. 그녀는 자신을 단단하고 고정된 것이라기보다 끊임없이 흐르는 존재로 인식했다. 절대적인 평온함 속에 푹 잠긴 채 온전히 지금 이 순간에 머물렀다. 좋고 나쁨, 옳고 그름 같은 범주들이 더 이상 양극단으로 느껴지지 않고 하나의 스펙트럼으로 느껴졌다. 자신을 분리된 존재로 보던 그녀의 에고, 즉 좌뇌는 이제 더 이상 의식 안에서 주도적인 존재가 아니었다. 오른 뇌(옳은 마음이라고 해야 할까?) 안에서 그녀는 언제나 충만함과 감사함을 느꼈다. 우뇌는 자비롭고, 사려 깊고 영원토록 긍정적이었다. "붓다가 내 앞에 있었다면 내가 열반 상태에 들어간 거라고 말했을 겁니다." 그녀의 말이다.

이건 중요하니 짚고 넘어가야겠다. 신경과학은 우리가 뇌를 이해하는 범위 안에서 테일러가 경험한 것이 정확히 무엇인지 설명하기 위해 아직도 애쓰는 중이다. 하지만 그녀가 그랬듯이 그녀의 경험이 붓다와 노자 또는 베다를 기술했던 고대 힌두 성인들의 경험과 유사하다는 사실에 경외심을 가질 수밖에 없다. 어떤 면에서, 그녀의 경험은 수많은 사람들이 명상과 마음챙김 수련으로 도달하고자 하는 바로 그 상태다.

물론, 깨우침enlightenment을 얻기 위해서 목숨이 오락가락하는 뇌졸중을 감수하겠다는 사람은 없다. 좀 더 현실적인 접근법은 다음 질문에 있을지도 모른다. 만약 우리가 좌뇌를 '진정시킬' 수만 있다면 어떤 일이 일어날까? 이것이 좌뇌가 더 이상 우뇌를 방해할 수 없다는 의미일까? 어쩌면 이 우뇌의 은총은 언제나 켜져 있건만, 단지 그것을 알아보지 못하는 건 아닐까? 당신이 불교에 익숙하다면 이런 말을 들어봤을 거다. "당신은 이미 부처이다. 단지 그걸 모르고 있을 뿐." 테일러 박사의 사례를 고려하면, 어쩌면 우뇌는 이미 평소에도 다소간 기능을 하고 있을 거라 추측된다.

단지 그것과 연결되어야 할 뿐. 또는 그냥 그것을 깨우기만 하면 된다고나 할까. **붓다**는 '**깨어난 자**'를 의미하지 않던가.

테일러 박사의 좌뇌를 치료하기까지 수년의 재활 과정이 필요했다. 이 지극한 행복을 경험한 후에도 좌뇌가 다시 기능하도록 매우 힘들게 노력했다는 뜻이다. 세상을 헤쳐 나가고 소임을 다하기 위해서는 여전히 좌뇌가 필요했다. 어쩌면 행복은 좌뇌와 어떻게 균형을 이룰지에 달려 있지 않을까? 내 생각에 바람직한 목표는 우뇌가 지배권을 갖는 것도, 좌뇌를 아예 꺼 버리는 것도 아니다. 붓다가 중도middle path라고 부른 그 상태를 성취하는 데 있다.

뇌졸중을 극복한 테일러 박사가 이 균형 잡힌 길의 살아 있는 사례가 될 수 있을까? 그녀는 이제 마음만 먹으면 언제든 우뇌의 축복으로 들어갈 수 있다고 말한다. 그녀는 선한 웃음을 지으며 그곳을 '라라랜드'라고 부른다. 하지만 필요하면 언제든 좌뇌에 초점을 맞춰 일을 처리하고 다른 사람과 소통하며 생활에서 벌어지는 실질적인 문제들을 해결해 나간다.

우뇌는
환영에 속지 않는다

자 이제 뇌의 우측을 파헤칠 시간이다. 신경과학이 우측 반구에 대해 밝혀낸 사실 또한 자아가 소설에 불과하다는 증거가 될 수 있을지 보자.

그런데 이것은 일종의 딜레마에 빠지는 것이다. 당신은 분리뇌 환자가 아니므로 앞으로 받게 될 정보들이 뇌의 양쪽으로 동시에 들어간다. 그래서 당신이 이 챕터를 읽는 동안 좌뇌가 '중요하지 않다' '의미없다' '바보 같다'고 폄하하며 어떻게든 이를 배척하고 주도권을 잡기 위해 애쓸 것이다. 기죽지 말고 그 순간을 똑똑히 눈치채 보길 바란다.

우뇌가 말을 못하는 건 사실이지만, 이해할 수는 있다는 것을 기억하자. 이는 이전에 분리뇌 사례에서 충분히 살펴보았다. 지금부터 소개할 개념들을 당신이 얼마나 잘 소화할지는 모르겠다. 물론 나도 잘 설명해야겠지만, 당신이 좌뇌와의 동일시를 얼마나 극복할 수 있는가에 달려 있다. 자, 이제 상당히 과묵한 우뇌에 대해 자세히 알아보자. 이

놈은 오래된 속담에 딱 들어맞는다. "지혜는 종종 침묵 속에서 발견된다."

많은 면에서 우뇌는 태극의 음이고 좌뇌는 양이다. 예를 들면, 지각된 어떤 것을 좌뇌는 범주적으로 접근하는 반면, 우뇌는 좀 더 전체적이고 넓은 시야로 다가간다. 사물을 범주로 나누고 판단하여 나머지 세계와 분리시키는 대신, 장면 전체에 주의를 두고 세상을 하나의 연속체로 인식한다. 좌뇌의 주의는 정밀하게 초점을 맞추는 반면, 우뇌는 넓게 빠짐없이, 큰 그림에 주의를 둔다. 좌뇌가 국소적 요소에 집중한다면 우뇌는 그 요소들이 창조되는 전체를 다룬다고 볼 수 있다.[2] 좌뇌는 시간을 '이전'과 '이후'로 나누지만 우뇌는 오로지 당면한 지금 이 순간에만 집중한다. 우뇌가 어떤 방식으로 정보를 처리하는지 알면 테일러 박사가 기술한 경험이 이해될 것이다.

좌뇌와 우뇌의 차이를 요약하는 또 다른 방법은 좌측은 언어 중추이고 우측은 공간 중추라는 것이다. 너무 축약시켜 표현한 감이 없지 않지만 수십 년의 연구 결과를 요약하는 데 이만한 표현이 없다. 언어는 범주적이다. 읽을 때나 말할 때나 당신은 한 번에 한 단어씩 좁은 초점으로 본다. 하지만 주위를 둘러싼 공간을 감지할 때는 단번에 전체를 처리하며 개별적인 부분이 아닌 그 모든 것이 어떻게 서로 연관되어 있는지 있는 그대로 감지한다.

이러한 공간 처리 과정의 효과를 느껴 보기 위해 다음 그림을 살펴보자.

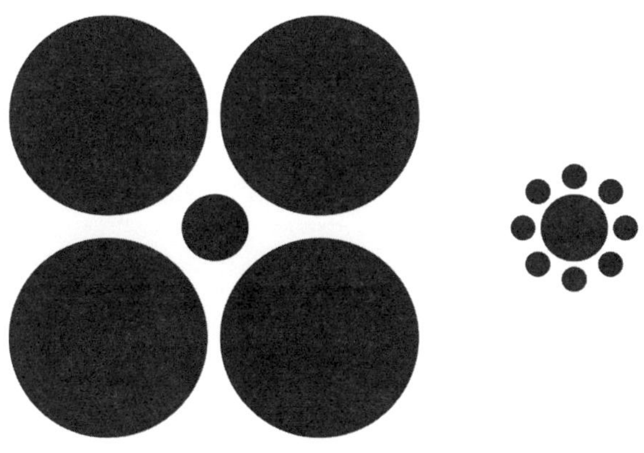

어느 쪽의 가운데 원이 더 커 보이는가? 대부분 오른쪽의 가운데 원이 더 크다고 말한다. 아마 예상하겠지만 이

착시는 좌뇌의 처리 과정에서 생긴다. 범주화하고 정보를 비교하여 판단하는 과정 말이다. 해석 장치는 크다/작다 같은 범주적 차이를 기반으로 관념을 만들어 낸다. 실제로 양측의 가운데 원은 크기가 같다. 왼쪽의 원이 더 작아 보이는 이유는 그보다 더 큰 원들에 둘러싸여 있기 때문이다. 반면 오른쪽의 원은 그것을 싸고 있는 원들이 상대적으로 더 작기 때문에 더 크게 보인다.

한편, 우뇌의 공간 지각 능력이 얼마나 정확한지 보여 주는 영리한 연구가 있다. 연구자들은 피험자들에게 앞서 나온 착시 그림을 블록으로 만들어 보여 주었다.[3] 그리고 피험자들이 손을 뻗어 엄지와 검지로 각각의 가운데 원 블록을 만져 보는 장면을 전부 동영상으로 기록했다. 실험에서 우뇌는 역할을 완벽하게 해냈다. 좌뇌는 착시를 일으켜 가운데 블록의 크기가 다르다고 '생각'했지만, 우뇌는 손가락으로 만져 보고 정확히 크기가 같다는 걸 알아냈다. 우뇌는 '당신'처럼 환영에 속지 않는다.

실험의 결과는 우리가 우뇌를 심각하게 잘못 이해하고 있음을 보여 준다. 실험에서 사람들이 원을 만져 볼 때 크기가 같을 거란 생각을 하고 만져 본 건 아니었다. 좌뇌의 입장에서 보면 무의식적으로 선택한 일인데, 이 '무의식적'이라는 표현은 과학 분야에서 본질적으로 부정적인 꼬리표에 가깝다. 그리고 이것은 좌뇌가 자기가 주인임을 주장하는 아주 미묘한 방법이기도 하다. 이 꼬리표의 영향력은 다양한 분야에서 찾아볼 수 있다.

예를 들어 과학과 철학 분야에서는 의식적으로 생각하고 해석할 필요가 없는 육체적, 정신적 기능을 덜 중요한 것으로 여겨 왔다. 아주 정교하고 복잡한 이 행위들에 '무의식적'이라는 꼬리표를 붙인 이유는 단지 언어 중추 밖에서 수행되는 기능이라서다. 심혈관계나 소화기계를 생각해 보라. 하루 종일 매우 복잡한 일을 하고 있다. 뇌가 없다면 불가능할 임무들이다. 그러나 좌뇌가 주도하는 생각의 영역 밖이라는 이유로 해석 장치로부터 별다른 주목을 끌지 못한다. 우뇌의 역할 또한 의식의 한 형태이건만, 우리는 이것을 평가 절하하고 묵살하라고 배워 왔다. 별로 놀라운 일도 아니지만, 바로 좌뇌에 의해 말이다.

잠시 손을 머리 위로 들어 보자. 어떻게 했는지 설명할 수 있겠는가? 손을 어떻게 움직여야 할지 생각해야만 했나? 아니면 그냥 움직여지던가? 움직이는 행위를 '무의식적'이었다고 말한다면 생각하는 행위를 주인으로 여기는 것이다. 그러나 팔을 움직이는 데 생각은 필요치 않다. 물론 '지금 팔을 움직여야지'라고 마음속으로 생각할 수는 있겠지만 움직일 땐 정신의 작용이 필요치 않다.

그다음으로 주위에 있는 물건을 팔을 뻗어 손으로 잡아 보자. 이 동작은 공간 안에서 사물 간의 거리를 정확하게 파악하는 능력을 보여 준다. 문제없이 물건을 잡았는가? 아니면 잡으려 했지만 놓쳤는가? 대부분 문제없이 잡았을 것이다. 그렇다면 물건을 잡는 동안 얼마나 많은 생각을 했는가? 우리가 의식적이라고 여기는 방식으로 말이다. 어떻게 물건을 잡았는지 설명할 수 있겠는가? 여기서도 생각은 필요치 않다. 그냥 잡았을 뿐이다. 손을 뻗어 뭔가를 잡는데 구구절절한 이야기는 필요 없기 때문에, 우리는 물건을 잡는 방식을 의식하지 못한 것처럼 느낀다. 이는 언어 기반의 해석적 의식과 자신을 동일시하는 편향적 태도 때문이다. 그러나 기억할 점은 이 두 가지 행위가 고도로 복잡하고도 의식적이라는 것이다. 비록 좌뇌가 주인 행세를 하기 때문에 이런 활동은 아주 사소한 일로 취급받는다.

몸을 어떻게 움직였는지 말로 설명할 수 없기에, 많은 사람들이 그게 의식적인지 아닌지 묻는 것 자체가 무의미하다고 본다. 학생들에게 "그거 어떻게 한 거니?"라고 물었을 때 가장 흔한 반응은 어이없다는 듯 쳐다본 후 "모르겠어요. 그냥 했어요."라는 대답이다. 우리는 언어 기반의 해석적 의식에 너무 많이 의지하고 있다. 그래서 어떤 행위들을 그저 무의식적이라 치부한다. 우리는 좌뇌의 해석적 패턴 인식 장치가 없는 세상을 상상조차 할 수 없을 것이다.

우뇌 의식에
접속하는 방법

자, 그럼 어떻게 하면 우뇌 시스템을 좀 더 의식할 수 있을까? 글쎄, 어떤 면에서 당신은 이미 우뇌를 충분히 의식하고 있다. 해석 장치라는 렌즈를 통해서만 세상을 보는 데 익숙한 나머지 그렇지 않은 것처럼 느껴질 뿐. 물론 여기서 말한 '당신'은 당신의 에고를 지칭하지 않는다. 에고는 태생적으로 우뇌 의식을 경험할 수 없다. 아무리 원해도 말이다. 에고는 자체로 좌뇌가 만들어 낸 구성물이기 때문이다. 우뇌 의식으로 접속하는 많은 방법이 있지만, 그것을 언어로 표현하려면 한계가 분명하기에 설명이 힘들 수밖에 없다. 그래도 몇 가지 방법을 간단히 살펴보자.

요가는 수천 년 동안 이어져 왔으며 인도에서 가장 오래된 종교 문헌에도 등장한다. 요가는 당신을 우뇌 의식으로 이끈다. 몸을 움직이고, 어떤 동작을 수행할 때 기분이 좋고, 자신이 어떻게 움직이고 있는지 온전히 알고 있지만, 거기에 '생각'이 끼어들 틈은 없다. 사실 요가란 '이 순간에 머무름'으로써 완성된다. 굳이 어렵게 얘기하자면 요가를 할 땐 해석 장치의 교묘한 간계에 넘어가지 않아야 한다. 요가 수행이 무의식적이라고 말한다는 건 상상조차 할 수 없다. 요가의 어원은 '결합union'이다. 당신의 진정한 자아와 우주의 모든 것의 결합.

다양한 형태의 명상 또한 당신을 우뇌 의식으로 이끈

다. 그중 좌선(앉아서 하는 명상)은 명상 학교에서 가장 흔하다. 보통 초심자는 호흡에 의식을 두라고 배운다. 그래야 지금 이 순간에 머물기 때문이다. 하나 더 생각해 보면, 대부분의 사람들에게 호흡은 그냥 일어나는 일일 뿐 그것을 '의식'하지 않는다. 따라서 어떤 주의도 쏟지 않는다. 호흡할 땐 어떤 '생각할' 거리도 없다. 바로 그 점 때문에 많은 명상법에서 호흡을 강조한다.

한편 태극권, 기공 같은 움직이는 형태의 명상도 있다. 동양의 고대 수행법은 기氣, 또는 내공內功을 증진시킬 목적으로 행해진다. 최고의 경지에 오르려면 평생이 걸릴 수도 있지만 그 근본은 참으로 단순하다. 좌에서 우로, 다시 그 반대로 움직임의 전환이 일어난다. 이때 모든 움직임은 호흡과의 조화 속에 행해진다. 제대로 하면 수행자는 움직임을 완전히 의식하는데, 거기에 말이 끼어들 자리는 없다.

누구도 이런 수행법이 무의식적이라고 할 수 없을 것이다. 경험자들은 이런 수행이 말로 표현하기는 어렵지만 고도로 깨어 있는 의식 상태라고 증언했다. 단지 말로 표현할 수 없다고 해서 그것을 무의식적이라 할 수는 없다. 이는 고대 동양의 지혜와도 공명한다. 그들은 진짜 세계란 언어로 표현될 수 없고, 언어로 표현되었다면 그 어떤 것도 진짜 세계가 아니라 말했다.

'무아지경in the zone'에 있다는 말도 우뇌 의식 상태일 가능성이 크다. 이는 농구 선수 마이클 조던이 어떤 생각도 없이 연거푸 골을 넣는 상태를 표현한 말이기도 하며, 의식적으로 생각할 필요 없는 활동에 몰입할 때 우리는 이런 상태를 자연스럽게 경험하게 된다. 예를 들면 악기를 연주할 때, 스포츠를 즐길 때, 어떤 방식으로든 창작할 때, 기도할 때, 명상할 때, 심지어 오토바이를 고칠 때까지(《선과 모터사이클 관리술》에 표현된 것처럼 말이다).

심리학자 미하이 칙센트미하이Mihaly Csikszentmihalyi가 이야기한 몰입flow과도 매우 유사하다. 그는 사람이 어떤 일에 완전히 빠져드는 경험을 표현하기 위해 이 단어를 썼다. 그는 몰입을 이렇게 정의한다. "다른 목적 없이 행위 자체에 완전히 빠져든 상태. 에고는 떨어져 나가고 시간은 순식간에 삭제된다. 모든 움직임과 생각이 완벽하게 맞물려 자연스럽게 이어진다. 마치 재즈 연주처럼. 당신의 모든 부분이 그것과 하나가 되고 기교는 최고치로 발휘된다."[4] 여담이지만 그가 몰입을 재즈에 비유한 것도 재미있다. 왜냐하면 위대한 재즈 뮤지션 루이 암스트롱도 이런 말을 한 적이 있기 때문이다. "재즈가 뭔지 머리로만 생각한다면, 죽을 때까지 알 수 없을 것이다."

무아지경이든 몰입이든 그 상태가 지나간 뒤에 해석적 의식이 "'내'가 굉장한 일을 했군."이라며 자화자찬하기도 하고, 아니면 그 경험을 별것 아닌 일로 치부하기도 한다. 어느 쪽이든 주인으로서 우위를 유지하려는 교묘한 방법이다. 사실 당신도 우뇌 의식을 항상 경험하고 있을 가능성이 크다. 다만 '주인'인 좌뇌가 언어를 장악하고 있고, 언어가 아주 설득력 있는 도구이기 때문에 '주인'이 공로를 가로채거나 아예 눈길도 주지 않는 것이다. 상상해 보자. 법정에 선 우뇌를 향해 좌뇌 변호사가 심문한다. 그러나 게임의 법칙이 언어를 쥐고 있는 좌뇌의 주도로 만들어졌는데, 우뇌가 무슨 수로 배심원들에게 자신이 의식적이라고 설득할 수 있을까?

마지막으로, 사람들에게 익숙한 또 다른 방법을 소개

한다. 마음챙김mindfulness 수행이다. 전통적인 동양의 명상 법이고 특히 불교와 연관이 많다. 이 명상법은 다음과 같이 정의된다. 온전히 지금 이 순간에 머무른 채, 바깥에서 일어나는 일부터 내면에서 일어나는 일(생각, 감정, 느낌)까지 그저 관찰하는 행위. 수행자들은 이리저리 움직이는 마음의 움직임을 판단하지 않고 지켜보도록 배운다. 여기서 판단이란 좌뇌의 기능임을 기억하자. 마음챙김 지도자들은 말한다. 생각이 떠오르면 그것에 들러붙는 대신 그저 생각이 떠올랐다는 걸 알아차리라고. 그리고 다시 지금 이 순간으로 돌아오라고. 생각의 흐름을 따라가며 이야기일 뿐인 것에 빠져들지 말라고. 이 수행의 핵심은 지금 이 순간 일어나는 사건의 주시자가 되어 관찰하는 데 있다. 이 설명을 들으면 질문이 떠오를 수 있다. 주시자는 누구인가? 이것이 혹시 우뇌 의식은 아닐까? 이 질문은 나중에 다시 살펴보겠지만, 마음챙김 명상이 좌뇌와의 동일시를 줄이는 효과가 있는 것은 분명하다. 우리의 해석 장치는 너무나 굳건하니, 항상 마음을 좀 챙기고 다니는 게 좋을 듯하다.

이 예시들은 한결같이 지금 이 순간의 경험에 집중하

고 사고와 언어를 넘어서는 방식으로 행하고 존재하라 말한다. 우뇌는 딱 나이키 슬로건처럼 행동한다. '그냥 해Just Do It.' 그리고 만약 우뇌가 말을 할 수 있다면 "그냥 해!"라고 소리를 질렀을 거라 확신한다.

악기에 대한 책을 읽는다고 악기를 배울 수는 없다. 연주해 봐야 한다. 농구에 대해 생각한다고 골을 넣을 수는 없다. 던져 봐야 한다. 오직 지금 이 순간에.

생각은

또 다른 꿈의 세계

———

우뇌 의식의 핵심은 이렇게 표현할 수 있다. 쓸데없는 생각 말고 그냥 하기. 더 정확히 말하면, 말이나 생각 없이 행동하는 것이다. 그래서 우뇌 의식을 설명하기란 어렵다. 심지어 그것에 대해 생각하는 것조차 말이다!

가끔 학생들에게 묻는다. "여러분은 생각과 행동에 각각 몇 퍼센트를 쓰고 있나요?" 잠깐 생각해 볼 시간을 준

후, 이 질문에 약간의 함정이 있음을 밝힌다. 이것을 판단하는 주체가 생각하는 마음이기 때문이다. 이 질문은 오래된 영어식 관용구 "여기서 저기로 갈 방법은 없습니다."를 떠오르게 한다. 일이 근본적으로 불가능함을 표현한 이 말은 좌뇌가 우뇌의 세계를 조사하려 할 때 완벽히 참이다. 좌뇌가 아무리 자신을 넘어서고 싶어 해도 결국 스스로에게 더 깊이 파묻힐 뿐이다.

나는 생애 첫 스파링에서 그 느낌을 직접 경험했다. 내가 점수를 땄을 때 나는 아무 생각도 하고 있지 않았다. 단지 그냥 스파링을 했을 뿐. 그런데 '이기면 얼마나 멋질까'라는 생각이 떠오르자 동작은 급속도로 둔해졌다. 다른 생각이 떠올랐어도 결과는 다르지 않았을 것이다. 생각을 했다는 것 자체가 몸이 느려진 원인이었다.

고대 동양의 철학자들이 비언어적 의식에 그토록 가치를 두던 이유가 바로 이것이지 싶다. 현대인들은 여전히 납득하기 어려울 테고 신경심리학도 완전히 따라잡지는 못했지만, 불이일원론 학파의 스승 니사르가닷타 마하라지 Nisargadatta Maharaj가 한 말을 곰곰 생각해 보자. "당신의 세상에서는 말하여진 것이 아니면 존재하지 않는다. 나의 세상에서는 오히려 말과 그 내용이 현실이 아니다. … 나의 세상은 현실이지만, 당신의 것은 꿈이다." 언어, 개념, 신념, 패턴, 이름표에 기초한 추상화된 세계에서 산다는 건, 현실이 아닌 꿈속에서 사는 것과 같다.

선불교 가르침의 핵심은, 추상적 개념의 세계에서 헤매는 의식을 현실로 데려오는 것이다. 나는 수업이 추상의 물결에서 길을 잃기 시작하면, 뒤에서 졸고 있는 학생들이 깜짝 놀랄 정도로 크게 손뼉을 친다. 손뼉 소리에 깜짝 놀란 바로 그 찰나에 학생들은 생각 없이 온전히 깨어 있다. 이것이 선禪이다.

아들의 축구 시합에 따라 갔다가 다른 아빠와 잡담을 나눈 적이 있다. 일이 얼마나 스트레스가 심한지 서로 얘기하던 중, 대부분의 스트레스가 소설이나 다름없는 허구적 이야기를 너무 심각하게 받아들여서 생긴다고 열심히 설명했지만 그는 이야기(좌뇌의 해석)와 현실(우뇌의 지켜봄)을 구분하는 데 애를 먹는 눈치였다. 할 수 없이 애들이 뛰고 있는 축구장을 가리키며 '저 밖에' 축구 대회란 없고, '저 밖에' 축구팀이란 없으며, 골을 넣어 점수를 낸다는 것도 없음을, 이 모든 것이 우리 머릿속에서 지어낸 일단의 이야기일 뿐이라 설명했다. '저 밖에' 있는 것은 오직 꼬마 애들 한 무리가 사방으로 뛰어다니며 공을 차는 것이며, 그 외 모든 것은 우리가 만들어 낸 이야기일 뿐이라고. 우뇌의 현실에선 승자도 패자도 없고 팀도 대회도 없다. 거기 있는 것은 오직 존재함being 그리고 행함doing뿐이다. 이 모든 설명을 마치자 그는 '이건 뭐지?' 하는 표정으로 쳐다보다가 재빨리 화제를 바꿨다.

축구 시합에 대해 한번 생각해 보자. 존재함과 행함, 아이들이 잔디밭에서 공을 차는 것, 그 외 다른 건 전부 이야기와 해석일 뿐인. 승자, 패자, 우승팀 따위는 모두 범주, 이름표, 패턴, 언어, 생각으로 만든 이야기일 뿐이다. 우리네 인생 전체가 그렇다. 심지어 '나'라는 느낌조차도 이 축구 시합처럼 간주된다는 말이다. 추상화된 이야기abstract stories 자체는 아무 문제도 없다. 하지만 그 안에 갇혀 헤맬 때, 문제가 만들어진다. 고통은 이 이야기에 푹 젖어 그것들이 실제 현실이 아니라는 사실을 잊을 때 온다.

이런 의미에서 이야기는 언제나 환상이다. 이야기는 오직 마음속에만 존재한다. 그것도 말이나 생각으로 만들어지는 과정 안에서만 존재한다. 어쩌면 이야기를 만들어 내는 '자아' 또한 그것에 대해 누군가 생각할 때만 존재하는 상당히 진짜 같은 환상이 아닐까?

이제껏 살펴본 내용은 우뇌의 놀라운 능력을 생각하면 그저 맛보기에 불과하다. 그리고 명심할 것은, 우뇌의 기능을 읽는 것이 그것을 직접 경험하는 것과 전혀 다르다는 점이다. 명상, 요가, 태극권, 마음챙김 수행은 우뇌 의식을 경험하기 아주 좋은 출발점이다. 앞으로 우리는 해석 장치의 혜택을 충분히 누리면서, 이야기 속에서 길을 잃지 않는 균형 잡힌 접근법을 더 알아볼 것이다. 그리고 우뇌에 대해 계속 탐구하며 우뇌가 좌뇌보다 훨씬 낫다고 볼 수 있는 경우를 찾아볼 것이다. 그러니 계속 주의 깊게(아니면 마음을 챙기면서) 읽어 보길 바란다. 왜냐하면 당신 안의 해석 장치는 앞으로 나올 얘기를 눈곱만큼도 좋아하지 않을 테니까.

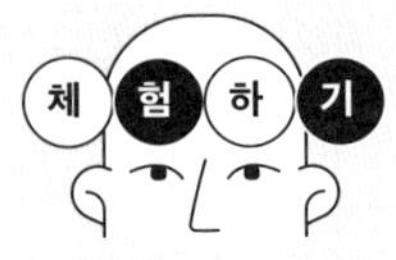

우뇌가 삶을 대하는 자세

'그냥' 하기

우뇌는 '그냥 해doing it' 중추다. 우뇌와 좀 더 친해지는 방법은 일명 어떤 이유도 없이 그냥 하기. 돈을 벌기 위해서도, 자기계발을 위해서도 아닌, 단순히 행위 자체를 위한 행위. 이렇게 하면 좌뇌가 끼어들 틈이 없다. 좌뇌는 항상 원인과 결과를 따져 생각한다. 그래서 어떤 행위가 가치 있으려면 반드시 긍정적인 결과가 뒤따라야 한다. 이런 사고방식은 시도를 가로막는 원인이 된다. 반면 우뇌의 활동은 시를 쓰고, 그림을 그리고, 음악을 듣는 일까지 언제나 행위 자체를 위한 행위다.

하루에 딱 한 번씩, 아무 이유 없이 뭔가를 해 보자. 좌뇌가 당신에게 뭐라 말하든 상관없다. 자연스럽고 즉흥적인 일에 계획을 세운다는 건 어불성설이다. 그러니 여유를 갖고 그 순간들을 맞이하라. 갑자기 일어나서 산책하고 싶다면 나가서 걸어라. 신선한 공기를 마시고 싶어서도, 하던 일이 따분해서도 아닌, 그냥 그러고 싶은 충동이 일어나면 한다. 그게 바로 '그냥' 하는 것이다.

의식적인 호흡

눈을 감고 딱 한 호흡만 의식해 보자. 몸에 주의를 집중하고 천천히 코를 통해 숨을 들이마신다. 허파가 가득 차는 과정을 느껴 본다. 신선한 산소가 들어올 때 가슴과 배의 감각을 느껴 본다. 그대로 1초만 숨을 참는다. 숨을 참는 동안 가슴에서 느껴지는 꽉 조임을 의식해 본다. 주위와 당신 내면의 정적을 의식해 본다. 이제 숨을 천천히 내쉬되 입을 통해 균일하게 내쉰다. '아아' 또는 '옴' 같은 소리를 내고 싶다면 그렇게 한다. 이렇게 몸과 호흡에 집중하면 수다쟁이 좌뇌를 조종간에서 쫓아낼 수 있고, '무의식적인' 우뇌에게 부여된 기능을 경험할 수 있다. 단 한 번의 의식적인 호흡으로 당신은 흐름을 뒤집고 호흡과 하나가 된다.

이것은 내가 가장 좋아하는 명상법이다. 아무리 바빠도, 또는 좌뇌가 그렇다고 믿어도 숨에 집중할 시간은 늘 있는 법이다. 이 힘을 절대 과소평가하지 말자. 단 한 번으로 좌뇌가 만들어 낸 환상에서 당신을 현실 세계로 돌아오게 할 수 있다. 그리고 한 번의 호흡이 두 번 세 번 이어지더라도 놀랄 것 없다. 그냥 해라!

헛소리 감지기

맑은 하늘에 번개가 치듯 갑자기 상황이 명료해지면서 '아하!' 하는 순간을 경험해 본 적 있는가?

뇌과학자 라마찬드란 박사는 그의 저서에서 우뇌가 마치 무게추 또는 제어장치 같은 역할을 한다고 밝혔다. 좌뇌가 쉬지 않고 이야기하다가 내용이 이상하게 흐르는 것이

감지되면 우뇌가 갑자기 '개입'한다는 것이다.[5]

사람들은 인생을 크게 바꾸는 터닝 포인트가 있었다고 종종 말한다. 학대로부터 벗어나게 된 계기, 커리어를 크게 바꾸겠다는 결심 같은 것 말이다. 방금 전까지만 해도 그럴듯하게 들리던 이야기가 갑자기 덜커덩하며 크게 흔들린다. 이 깨달음의 순간은 사실 우뇌가 좌뇌에게 신호를 보낼 때 생긴다. '어이, 너 너무 나간 것 같은데?' 이때 우뇌는 좌뇌처럼 '생각'을 하는 게 아니라 실제 증거들을 조용히 관찰하다가 좌뇌에게 이제 깨어날 때가 되었다고 알려 준다.

재미있는 것은 좌뇌가 이 변화를 자기 덕분이라 여기고 "오늘 난 크게 깨달았어." 또는 "모든 게 명확해졌어."라고 말한다는 점이다. 여기서 '나'는 해석 장치이고, 애초에 문제의 원인이었다. 한편 우뇌는 에고라는 게 없기 때문에 인정을 바라지도 않고 좌뇌가 그러거나 말거나 아무 상관도 안 한다. 우뇌는 변화할 수만 있다면 괜찮다. 당신도 인생에서 이런 깨달음의 순간을 경험한 적이 있는가? 이 연구들을 알게 된 지금, 깨달음이 어디에서 나온 거라 생각하는가? 아니면 느끼는가?

5장

뇌가 삶에 의미를 부여하는 방식

: 부분과 전체

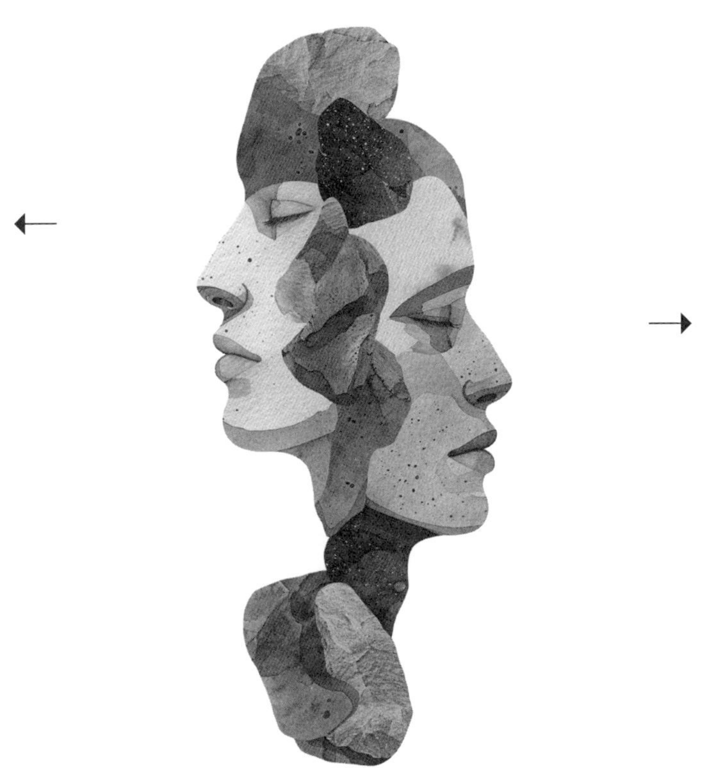

NO SELF NO PROBLEM

모든 것을 이해함은, 모든 것을 용서함이다.

-붓다

모든 것을 이해함은, 모든 것을 용서함이다.

-붓다

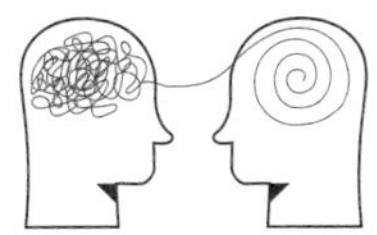

의미가 미치는
영향

의미와 이해는 우뇌에서 일어나는 필수적인 과정이다. 학생들에게 이 말을 하면 놀라는 경우가 많다. '좌뇌가 모든 사고 과정을 담당하는 것 아니었나?' 하지만 좌뇌가 부분에 집중한다면 우뇌는 전체를 본다. 그리고 의미와 이해는 전체에 깃들어 있는 법이다. 이를 쉽게 이해하기 위해서는 예를 들어 보는 게 빠르다. M. 클라인의 《맥락과 기억 Context and Memory》이라는 책에서 발췌한 다음 문단을 아주 주의 깊게 읽어 보자.

잡지보다 신문이 낫다.

도심보다 해변이 더 좋은 장소다.

처음에는 걷는 것보다 뛰는 편이 낫다.

여러 번 시도해야 할 수도 있다.

기술이 필요하지만 배우기는 쉽다.

어린아이조차 즐길 수 있다.

한번 성공하면, 대개 문제는 없다.

새들이 가까이 다가오는 경우는 드물다.

하지만 비가 오면 매우 빨리 젖는다.

너무 많은 사람들이 한꺼번에 하면

역시 문제가 생길 수 있다.

공간이 많이 필요하다.

문제만 없다면 너무나 평화롭다.

돌멩이로 그것을 잡아 둘 수 있다.

하지만 떨어져 나가 버리면,

두 번 다시 기회는 없다.[1]

어떤가? 별로 감이 오지 않는다. 그렇지 않은가? 아무렇게나 쓴 문장 같고 별 의미도 없어 보인다. 대부분의 경우 해석적인 의식은 단어 하나하나의 의미는 이해하지만, 문장 전체가 무엇을 가리키고 있는지 잡아내지 못한다. 사실 이 글은 연날리기에 대한 설명이다. 이제 다시 문장을 읽어 보자. 모든 것이 이해되지 않는가? 우뇌가 이것을 가능케 한다.

거의 모든 인지 활동에서 의미는 중요한 역할을 한다. 의미가 있어야 단기 기억 또는 장기 기억에 정보를 저장할 수 있다. 그런 점에서 의미는 인지의 토대라고 볼 수 있다. 예를 들어 아래 두 문장 중 하나를 암기해야 한다면 당신은 어느 것을 택하겠는가? 그리고 그 이유는?

A. 노벨 평화상을 수상한 마틴 루터 킹 주니어, 그가 링컨 기념관에서 시민 권리에 대한 연설을 시작했다.

B. 사과 보라색 벤치, 텍사스 고래 일곱이 남쪽에 가고, 27번 도로를 미끄러질 때 오븐 녹이 더 빨라진다.

두 문장의 글자 수는 비슷하지만 거의 모든 사람이 A를

B보다 훨씬 더 기억하기 쉽다고 생각할 것이다. 왜냐하면 마틴 루터 킹 주니어 같은 단어의 모둠을 의미 있는 정보의 한 조각으로 처리할 수 있기 때문이다.[2] A가 외우기 쉬운 이유는 그것이 의미가 통하기 때문이다.

복도를 지나다 시험 준비랍시고 메모 카드를 들고 외우고 있는 학생들을 볼 때마다 암기에 '의미'가 얼마나 중요한지 강의하고 싶은 마음을 가까스로 억누르곤 한다. 1970년대에 심리학에서 '처리 과정의 수준levels of processing'이라는 이론이 소개되었다. 그런데 이는 '의미의 수준levels of meaning'이라 불러도 문제가 없다.[3] 이 이론은 매우 단순하다. 뇌에서 뭔가를 이해하고 그것을 의미로서 처리하면 오래 기억할 수 있다. 하지만 단순히 읽고 단어를 쳐다보는 피상적인 수준에서 처리하면 그것은 쉽게 잊힐 것이다.

이런 일은 늘 일어난다. 만약 당신이 책의 내용을 잘 기억하고 싶다면 이렇게 해 보자. 두세 문단을 읽고 책을 덮은 다음 스스로에게 묻는다. "지금 읽은 내용이 뭐였지?" 지금도 해 볼 수 있다. 책을 덮고 5장에서 지금까지 나온 내용을 소리 내서 설명해 본다. 중간에 전혀 기억나지 않는 부분이 있더라도 당황할 것 없다. 그 부분은 단지 글자만 읽는 피상적 수준의 처리가 일어났기 때문이니까. 앞으로 책을 읽을 때 주기적으로 자신에게 질문하는 습관을 들이면 점점 의미를 파악하고 기억하는 일이 쉬워지고 장기 기억에 저장되는 양도 많아질 것이다.

단순히 암기력을 향상하려는 목적이 아니어도 의미를 찾는 것은 중요하다. 의미 추구는 어쩌면 삶 자체의 목적일지도 모른다. 인간에게 의미가 얼마나 소중한 것인지 보여준 강렬한 책이 있다. 빅터 프랭클Viktor Emil Frankl 박사의《죽음의 수용소에서》다. 그가 2차 세계 대전 동안 나치의 유대인 수용소에서 직접 경험한 바를 쓴 책이다.[4] 그는 프리드리히 니체의 문장으로 책을 시작한다. "삶에서 의미를 찾아낸 사람은 어떤 고난도 견딜 수 있다." 그는 죽음의 수용소에서 수감자들이 살아남는 데 가장 중요한 요소가 살아야 할 목적과 의미를 갖는 것이었다고 말한다. 결국 행복보다 중요한 것이 의미라는 결론을 내고, 그 결론에 바탕을 둔 '로고 테라피logotherapy'를 만들었다. 여기서 로고스logos는 '의미'라는 뜻이다.

　프랭클 박사는 행복을 추구하는 것이 행복을 방해한다
고 믿었다. 그러나 심리학을 비롯한 인류의 문화에서 행복
추구 캠페인을 시도한 역사가 적어도 30년은 된 듯하다. 최
근 연구들은 프랭클 박사의 통찰이 옳았음을 보여 준다. 한
연구에서 피험자를 두 그룹으로 나누고 음악을 들려주었
다. 이때 한쪽에는 아무 요구도 하지 않았고, 한쪽에는 최
대한 행복해지려고 노력해 보라고 요구했다.[5] 결론적으로,
행복해지려고 노력한 쪽은 행복도가 떨어졌다. 행복에 높
은 가치를 두는 사람일수록 오히려 부정적인 감정을 더 자
주 겪는다는 또 다른 연구 결과도 있다.[6] 물론, 붓다는 이미
오래전에 욕망이 고통을 낳는다고 설명한 바 있다. 행복해
지려는 마음 또한 욕망이 아닐까.

　어쩌면 행복한 삶과 의미 있는 삶은 다를지도 모른다.
'부모'들은 이 사실을 경험으로 깨닫는다. 아이를 양육한다
는 것은, 에고의 행복과 삶의 의미를 맞바꾸고 뒤도 돌아보
지 않는 가장 전형적인 예시라고 생각한다. 나에게 아이가
생겼을 때, 내가 젖을 물릴 수 없으니 기저귀를 갈아 주는
것이 신참 아빠로서 해야 할 일이었다. 지금도 눈만 감으면

그 액체와 고체들이 생생하게 떠오를 정도로 첫 몇 년 동안 족히 수천 장은 되는 기저귀를 갈았다. 육아를 시작하면서 수면 시간은 절반으로 줄었고 순간순간 나의 삶은 여러 면에서 비참해 보였지만, 그때나 지금이나 부모가 된 것을 후회하지 않는다. 부모가 된 경험을 세상 그 무엇과도 바꿀 생각이 없다. 오직 '의미'만이 이런 손해 보는 거래를 감사히 받아들일 만큼 가치 있게 만든다. 삶에 충분한 의미가 있다면, 어떤 고난도 견딜 만한 것이 된다.

해석적 이해
vs. 의미적 이해

우리는 생각해야 이해할 수 있다고 배워 왔다. 그래서 언뜻 보면 이해는 좌뇌의 일 같다. 나는 이것을 '해석적 이해'라고 부른다. 생각의 파편들에 집중해서 인과관계를 살피는 일 말이다. 하지만 다른 종류의 이해도 있다. 바로 의미와 관련된 이해다. 이것은 사건을 더 넓은 관점에서 바라

본다. 이 두 가지 이해 방식이 어떻게 다른지 지금부터 살펴보자.

근대 과학의 기초가 된 아이작 뉴턴Isaac Newton의 저술들은 해석적 이해의 패턴을 따른다. 예를 들어 서양인들은 아직도 우주를 거대한 기계 장치로 보는 경우가 많다. 마치 시계 보듯 말이다. 시계는 톱니바퀴, 동력 공급 장치, 태엽 등이 어우러져 시곗바늘을 움직인다. 시계를 생전 처음 보는 원시인이 시계를 구성하는 부품과 시계의 작동 원리를 이해했다면, 그는 충분히 시계를 조립할 수도 분해할 수도 있다. 하지만 그렇다고 해서 이것이 어디에 쓰는 물건인지, 어떤 일을 하고 있는 건지는 이해하기 어려울 것이다. 우주도 마찬가지 아닐까? 우주를 거대한 기계 장치로 보는 관점은, 좁은 창문을 내다보는 것처럼 한 번에 하나씩만 이해할 수 있다. 전체를 묶는 접착제에 대해서는 깜깜하다. 그러니 시계든 우주든 진정으로 이해하려면 앞서 연날리기를 묘사한 글처럼 각각의 부분을 합치는 것 이상이 필요하다.

뉴턴이 제시한 고전적인 예시가 있다. 당구공 하나가 다른 당구공을 때린다. 이는 한 번에 '하나씩'의 완벽한 예다. A가 B를 치고, 그럼 B가 움직인다. 모든 상황을 언어로 표현할 수 있고, 만약 그럴 수 없다면 그건 쓸모없는 영역이다. 우주를 뉴턴 식(이 공이 저 공을 쳐서 움직이게 했다)으로 설명할 때 좌뇌는 이렇게 말할지도 모른다. "음, 이해했어." 또, 여러 질문에 이런 답을 내놓을 것이다.

자동차에서 왜 이상한 소리가 나지? "머플러가 맛이 갔어. 교체해야 해."

배가 왜 아프지? "위산 과다야. 약을 좀 먹어야 돼."

실제로 이것이 저것을 일으킨다는 사고방식은 근대 과학의 핵심이며 해석적 마음이 어떻게 세상을 부분으로, 범주로, 차이로 나눠 이해하는지 보여 준다. 좌뇌가 이 모든 걸 한다. 우뇌가 사업 전체를 이해하며 안내해 주지 않으면 작업이 불가능하다는 것도 모른 채 말이다.

좌뇌의 방식이 틀렸다는 말이 아니다. 때로는 자동차 머플러를 갈면 차의 소음이 사라지고, 약을 먹으면 배앓이가 낫는다. 원인과 결과를 찾는 사고방식 덕분에 우리는 비행기를 발명했고 달에도 착륙했으며 자율주행 자동차도 개발하지 않았던가.

한 번에 하나씩 보는 일이 분명 필요하고 유용한 것도 사실이다. 하지만 우뇌에서 바라보는 넓은 시야가 없다면 이 일도 무용지물이다. 그래서 좌뇌가 주인 행세를 하는 것은 일종의 아이러니가 아닐 수 없다. 우리가 자동차를 만드는 목적과 신체의 소화 시스템을 이해하려면 먼저 우뇌가 전체 구조를 파악해야 한다. 그다음에야 비로소 큰 과정을 이루고 있는 각각의 부분에 집중할 수 있다.

은유의

기능

————————

당신의 우뇌는 이 모든 것을 이미 알고 있다. 이제부터는 좌뇌가 이 내용을 더 잘 이해할 수 있는 모형으로 정리해 보자. 가장 좋은 방법은 은유와 직유를 사용하는 것이다(직유는 사실 은유에 포함된다). 은유를 사용하려면 서로 다른 둘 사이의 연결점을 찾아낼 수 있어야 한다. 그런데 이런 연결은 개별 요소, 단편적인 정보에만 집중하면 전혀 보이지 않는다.

예를 들어 사랑이 무엇인지 얘기한다면 "사랑은 장미와 같다. 아름답지만 가시가 있어 다칠 수 있다."라고 말할 수 있다. 직장에서 일하다 보면 "앞서나가자." "뒤처진다." "정상까지 가 보자." 같은 표현을 쓰기도 한다. 이런 은유들은 추상적인 개념을 우리의 지각 경험과 연결하여 이해를 돕는다. 은유는 좌뇌와 우뇌 모두 필요하지만, 역시 우뇌의 도움이 더 필요하다. 은유는 문자 그대로의 의미를 넘어서는 어떤 연결을 만들어 내기 때문이다. 좌뇌는 종종 은유를 이해하지 못하고 문자 그대로 받아들이기도 한다. 누가 당신에게 '마음의 양식'을 쌓으라고 말했는데 거기다 대고 "나 방금 밥 먹었어."라고 답한다면 당황스럽지 않겠는가.

우주가 일종의 기계라는 생각 또한 훌륭한 은유가 될 수 있지만 좌뇌에게 고삐를 쥐어 주면 비극적인 결론을 내놓기도 한다. "우주가 거대한 기계라면, 결국 우리는 부품에 불과할 뿐인가." 이런 식으로 이어지는 사고가 우리를 고통으로 이끄는 것이 자명하다.

볼 수 있는 것을 보이지 않는 것으로 이해하는 것. 그것이 은유의 본질이다. 막연하고 추상적인 개념을 우뇌가 경험하는 감각적 세계와 연결시키고는 좌뇌가 알아들을 때까지 기다린다. 우뇌가 은유에 필수적이라는 사실을 보여 주는 수많은 연구 결과가 있다. 우뇌를 다친 사람들은 시, 은유, 풍자 등을 문자 그대로만 받아들였다.[7] 은유를 문자 그대로 받아들인다는 건 연결점을 놓친다는 뜻이다.

철학과 종교에는 깨달음을 구하러 떠나는 여정에서 은유를 사용하는 오랜 전통이 있다. 특히 동양에서 그런 경향을 발견할 수 있다. 팔리어 경전은 붓다의 가르침을 가장 잘 기록한 대표적인 문헌으로 알려졌는데, 여기엔 1000개가 넘는 은유가 등장한다.[8] 불교에서 마음은 연못과 같아서 고요히 내버려두면 저절로 맑아진다고 한다. 또한 치우치지 않은 '중도中道'가 절제된 편안함으로 이끈다고 표현하기도 했다. '붓다'의 의미조차 은유로 완성된다. 붓다는 본래 팔리어로 단순히 '깨어난 자'를 뜻하는데 이것을 문자 그대로만 받아들이면 잠을 자지 않는 사람이란 뜻이다. 여기서 말하는 '깨어있다'는 꿈같은 이야기에 빠져든 상태가 아닌, 현실을 있는 그대로 의식하는 상태를 말한다.

뇌는 은유를 사용하며 신경 활동의 패턴과 실제 세상을 연결하고 있다. 시에서도 은유는 심장 그 자체다. 에밀리 디킨슨의 말 "희망은 날개 달린 것."을 문자 그대로 받아들이면 희망이 없다. 하지만 우뇌가 그것을 색다른 방법으로 바라보고 희망과 날개 사이의 연결점을 찾아낸다. 어떤 의미로는 지각perception 그 자체가 시와 같고, 우리의 가장 기본이 되는 의식의 경험도 어쩌면 시를 쓰는 행위에 가깝다.

불교를 비롯한 영적 전통에서 은유를 이토록 많이 사용하는 이유는, 어쩌면 문지기 역할을 하는 해석적 마음을 돌아서 가기 위함이 아닐까. 겉보기에 대부분의 은유는 단순하면서도 천진해 보인다. 이 점에서 좌뇌가 방어기제를 발동할 필요가 없다. 이 틈을 타 우뇌가 활동을 시작하면, 체험하는 모든 것이 이미 좌뇌가 관여할 수 없는 수준으로 초월하게 된다.

우뇌에서 고요가 흐르는 것과 달리, 좌뇌에서는 어떤 생각, 어떤 생각에 대한 생각, 어떤 생각에 대한 생각에 대한 생각이 끝없이 이어진다. 마치 자가 발전이 가능한 관료주의적 기계처럼 말이다. 물론 이 이야기와 해석들은 모두 추상일 뿐이다. 그러니 누군가 좌뇌에서 무슨 일이 일어나는지 묻는다면, 셀 수 없이 많은 이미지들이 물 위에 비치건만 그 실체는 없다고 말할 수 있을 것이다. 그것도 아니면 스님처럼 말할 수밖에. "마음은 잔잔한 물과 같습니다."

여백의

의미

———————

앞 장에 언급했지만 우뇌는 공간을 처리하는 핵심이다. 한 가지씩 집중하는 대신 그림 전체(사물과 그 사이의 공간을 동시에)를 감지한다. 달리 말하면 우뇌는 형태가 배경에 의해 결정된다는 사실을 이해하고 있다. 반면 좌뇌는 이를 간과한다.

진실로 배경이 없다면 그 무엇도 존재할 수 없고, 배경의 모양 또한 사물에 의해 결정된다. 이건 너무 단순한 이치라 좌뇌와 과도하게 동일시한다면 이 근본적인 중요성을 놓치기 쉽다. 예를 들어 잠시 동안 유치원 시절로 돌아가 보

자. 아주 단순하게 하나와 둘의 차이를 생각해 본다. 차이가 무엇일까? 하나가 둘이 되게 만드는 '어떤 것'은 존재하지 않는다. 차이를 만들어 내는 건 그 사이의 공간이다. 둘 사이에 공간이 생기면 하나였던 것은 둘이 된다.

II

그럼 둘과 셋의 차이는 무엇일까?

III

역시 공간이다. 넷은 무엇이냐고 묻는다면, 공간을 추가한 것이다. 사물은 본질적으로 공간에 엮여 있다. 공간은 연결한다. 공간이 모든 것을 창조한다. 첫 장에서 했던 간단한 체험을 기억하는가? 좌뇌는 사물에만 초점을 맞추지 빈 공간은 아예 고려조차 않는다.

음양을 상징하는 태극은 이 진리를 정말 완벽하게 표현한다. 검은 것을 보려면 흰 것이 필요하고 흰 것을 보려면 검은 것이 필요하다. 여기에는 좌뇌가 잡아낼 수 없는 어떤 이치가 있다. 고대 스승들은 그 이치를 이미지의 형태로 우리에게 전해 주었다.

배경이 사물을 정의하듯이 공간이 세상의 모든 것을 정의한다. 공간이 궁극의 배경이기 때문이다. 공간, 즉 빈 자리가 없다면 어떤 것도 개별적으로 존재할 수 없다. 이것이 불교에서 그토록 텅 빔, 공空과 사랑에 빠진 이유가 아닐까? 텅 빔이 다른 모든 존재를 가능하게 만든다. 다음은 대승불교의 《반야심경》 속 한 구절이다.

색form이 공emptiness이고 공이 색이다.

공은 색에서 분리될 수 없고

색은 공에서 분리될 수 없다.

그 어떤 색이든 공이고

그 어떤 공이든 색이다.

"불교는 호두 껍데기 안에 있다Buddhism in a nutshell." 이 말은 불교에서 간결하고 축약된 표현을 많이 쓴다는 의미다.

《반야심경》에서는 공과 색이 범주적으로 분리되었다는 생각을 피하고, 현실 세계에서 나눌 수 없는 하나이면서 서로가 서로를 정의하는 긴밀한 관계임을 밝힌다.

읽는 행위를 살펴보자. 이 페이지 위 단어들은 그것을 둘러싼 여백과 서로 의지하고 있기 때문에 단어와 배경을 분리할 수 없다. 단어를 읽을 수 있는 이유는 배경과 다르기 때문이다. 글자를 구성하는 직선과 곡선 사이의 여백은 글자만큼 중요하다. 어떤 면에서는 글자보다 여백이 더 중요하다고 할 수 있다. 하나의 단어와 그 밖의 모든 것을 구별하는 것이 공간이기 때문이다.

만약 현실이 바다라면, 좌뇌가 오직 하나의 파도만 받아들일 때 우뇌는 바다의 광대함을 한눈에 본다. 둘 다 현실 그 자체를 본다기보다는 현실에 대한 이미지를 보는 것이다. 바다를 어떤 방식으로 바라보든, 바다의 본질은 변하지 않는다. 달라지는 건 '겉모양'이다. 우뇌는 빈 공간을 포함한 그림 전체를 감지하고 좌뇌는 그 안의 사물을 하나씩 본다. 그래서 우뇌가 현실을 더 비슷하게 반영한다. 우뇌는 세상을 동시적으로, 즉 한꺼번에 느끼고 좌뇌는 세상을 순차적으로, 즉 여러 번에 걸쳐 하나씩 느낀다.

심리학에서는 동시적인 정보 처리 방식을 소화나 호흡처럼 무의식적인 것으로 간주한다. 또다시 우뇌는 무의식적인 것으로 취급되고 좌뇌가 현실의 '주인'이 된다. 그러나 이런 전제가 말도 안 된다는 걸 이제 당신도 깨달았으면 싶다. 우뇌는 언어에 의존하지 않는 또 하나의 의식 형태일 뿐이다. 동양 철학자들은 언어에 의존하지 않을 때 훨씬 경이로운 방식으로 존재할 수 있다고 말한다. 그리고 인류의 고통이 줄어드는 건 덤이다.

꽉 찬 삶을 비우는 연습

공간 의식 훈련

지구를 벗어나 우주 공간으로 가면 우리의 의식도 해석적인 마음에서 쉽게 벗어나는 효과가 있는 듯하다. 달 위를 걸었던 우주비행사 에드가 미첼Edgar Mitchell도 이렇게 말한 적 있다.

"지구로 돌아오는 3일 동안 제가 느낀 것은 온 우주와 연결되어 있다는 압도적인 감각이었습니다. 그건 모든 것과 하나가 될 때 느낄 수 있는 황홀함의 극치 같은 것이었어요. … 어떤 면에선 우주가 의식을 지닌 존재처럼 느껴졌는데 그 생각은 너무 거대해서 표현하기가 불가능해 보였습니다. 지금도 여전히 말로 다하기가 어렵습니다."[9]

공간의 힘을 느끼기 위해 우주로 나가 봐야 한다니 조금은 아이러니하다. 그동안 우리는 공간을 보지 못했을 뿐 아니라 공간을 보지 못했다는 사실조차 눈치채지 못했다. 과학자들은 우주에 소위 물질이라는 것이 차지하는 비중은 단 5퍼센트에 불과하다고 합의를 내렸다. 그러니 아마 우주 공간에서는 빈 공간을 훨씬 익숙하게 느낄 수 있는 것인지도 모른다. 익숙한 지구의 풍경에 갇혀 있는 한, 좌뇌는 더 쉽게 이야기를 속삭일 테다. "물질이 더 중요해요."라고.

본론으로 돌아와서, 공간 의식 훈련을 시작해 보자. 손과 손 사이의 공간, 당신과 당신 앞에 있는 사람 사이의 공간, 또는 당신과 지금 당신 앞에 있는 어떤 물건 사이의 공간을 의도적으로 의식해 보는 것이다. 사방에 널린 게 빈 공간이니 이 연습은 무한대로 변형할 수 있다. 그럼 당신은 공간을 경험하기 위해 굳이 지구를 떠날 필요도 없다.

또 하나의 방법은 밤하늘을 바라보며 빈 공간에 집중하는 것이다. 빈 공간에는 마음을 느리게 만드는 무언가가 있다. 거기엔 알맹이도 없고 알맹이를 담는 그릇도 없으니 마음이 그것을 이해할 방법은 없다. 그렇게 의식awareness을 빈 공간으로 옮기면, 해석적인 마음이 내달리는 속도는 느려진다.

침묵 속으로

빈 공간이 없다면 어떤 사물도 존재할 수 없다. 침묵이 없다면 어떤 소리도 전해질 수 없다. 수많은 소리들이 배경의 침묵에 어떻게 의지하고 있는지 주목한다면 이제껏 얘기한 개념들을 이해하는 데 매우 유용할 것이다. 누군가 말하는 소리를 들을 때, 아니면 당신이 직접 말할 때, 소리와 소리 사이의 침묵을 느껴 본다. 사물이 배경에 의존한다는 말과 소리가 침묵에 의존한다는 말이 결국 같은 의미라는 것을 알겠는가? 침묵이 없다면 소리는 어떤 의미도 가질 수 없다.

이 두 가지 체험이 불교의 색즉시공 공즉시색form is void, void is form과 어떻게 연관되는지 곰곰 생각해 보자.

6장

직감을 믿어도 될까?

: 언어를 뛰어넘는 지혜

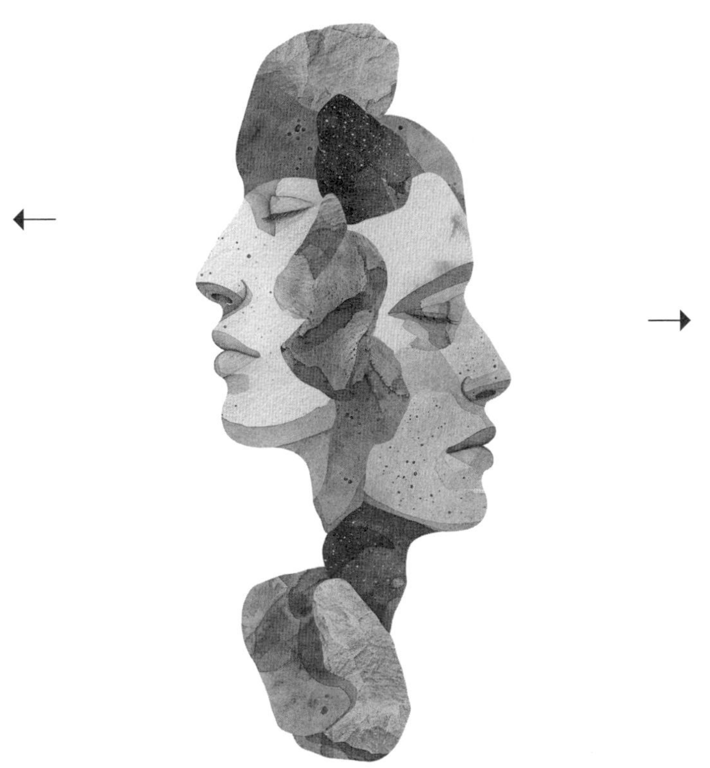

NO SELF NO PROBLEM

직감은 신이 주신 선물이고 이성은 충직한 하인이다.

우리는 하인을 찬미하고 선물은 잊고 지내는

이상한 사회를 창조해 버렸다.

-알버트 아인슈타인

직감은 신이 주신 선물이고 이성은 충직한 하인이다.

우리는 하인을 찬미하고 선물은 잊고 지내는

이상한 사회를 창조해 버렸다.

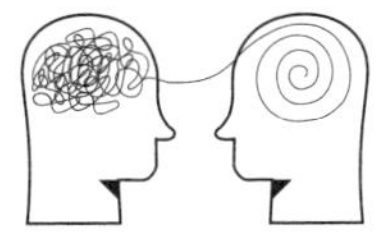

설명하기 힘든
느낌들

선불교에 반야바라밀다prajnaparamita라는 가르침이 있다. 보통 '지혜의 완성'이라고 번역된다. 여기서 말하는 지혜는 지식과는 다르다. 이는 현실의 본성에 대한 통찰을 의미하며, 언어와 이성적 사고를 뛰어넘는다. 반야Prajna 또한 선불교 문헌에서 '지혜를 넘어서는 지혜'로 표현한다. 이런 종류의 지혜는, 앞서 살펴본 공의 가르침과 매우 밀접하다. 공간과 물질을 둘로 나눌 수 없음을, 또는 서로 밀접하게 엮여 있음을 일러 주기 때문이다.

비언어적 형태의 앎을 누누이 강조하는 것을 볼 때, 반야바라밀다에서 말하는 지혜는 오직 우뇌로만 이해할 수 있는 게 아닐까 생각한다. 그게 아니더라도 한 가지는 확실하다. 우뇌에는 좌뇌의 이해력을 뛰어넘는 어떤 지성의 원천이 있고, 이것을 신경과학이 처음으로 발견한 게 아니라는 사실이다.

백 년도 훨씬 전에, 미국의 저명한 심리학자 윌리엄 제임스William James는 어떤 비감각적nonsensory 형태의 지능에 주목했다. 그는 이것을 '가장자리 의식fringe consciousness'이라 불렀고, 직접 느끼거나 지각한 내용이 없는데 막연히 '아는 느낌'이라고 설명했다.[1] 예를 들면 어떤 방에 생전 처음 들어갔는데 곧장 마음에 쏙 들었다면 이 경험이 바로 가장자리 의식이다. 이것은 방에 들어서자마자 방 전체의 정보를 동시에 처리하면서 생긴다. 흘러나오는 음악, 벽에 걸린 그림, 배치된 가구, 그리고 그것들의 조화로움까지. 그 미세한 느낌이 "음, 마음에 들어!"라고 결론 낸다.

이런 경험을 정확히 설명하기란 거의 불가능하지만, 그래도 가능성 있는 가설을 추측해 보자. 해석적 의식에는 한계가 있기 때문에 가장자리 의식에서 전체 맥락을 통째로 고려하며 정보를 처리할 것이다. 그런 다음 모든 것을 종합하여 옳다/그렇지 않다는 감 같은 것, 애매하지만 전체를 요약하는 느낌을 만들어 낸다.[2]

가장자리 의식을 설명할 때 내가 즐겨 쓰는 예시가 있다. 집에서 나왔는데 뭔가 잊은 듯한 느낌이 들 때, 그러나 그게 뭔지는 생각이 안 나는 경우. 또는 어디선가 봤던 사람과 마주쳤는데 이름이 생각나지 않는 경우. 분명 아는 사람인데 말이다. 제임스 박사는 이런 경우를 '혀끝에서 맴도는 경험'이라고 불렀다. 전부 내용이 바로 거기 있는데 말로 꺼내지지 않는 상황이다. 학생들이 시험을 볼 때 종종 그런 느낌을 경험한다고 말한다. 분명히 답을 아는데, 지금 당장 그걸 증명할 수가 없는 그 답답한 느낌을.

한 연구에서는 뇌를 촬영하며 혀끝에서 맴도는 경험을 하는 순간 우뇌에서 불이 들어온 것을 발견했다.[3] 이런 비언어적 형태의 앎의 처리 과정은 거의 모든 부분을 우뇌가 담당한다. 이에 대한 가장 흥미로우면서, 동시에 과학이 잘 설명하지 못하고 있는 사례가 있다. 바로 '직감intuition'이다.

직감의
정의

———

메리엄-웹스터 사전은 직감을 이렇게 정의한다. '사유를 거치지 않고 바로 이해함 또는 인지함.' 또는 '이성적 추론에 의한 증거 없이 곧바로 앎 또는 인지함.' 이 정의에 따른다면 직감은 좌뇌에게 상당히 곤혹스러운 녀석이다.

무언가를 직감으로 알 때, 어떻게 알았는지 또는 어디로부터 온 건지 말로 명쾌하게 설명할 수 없다. 누구나 살면서 크든 작든 이런 경험을 했을 것이다. 일기 예보에 따르면 하루 종일 맑은 날씨라고 하는데 왠지 우산을 들고 나가야 할 것 같다. 그리고 그날 오후 유난스러운 비구름이 난데없이 나타나 비를 뿌리면 당신은 이렇게 말한다. "그럴 줄 알았어!" 친한 친구나 친척과 연락을 한 것도 아닌데 상대방이 다쳤거나 문제가 생겼단 걸 느낄 때도 있다. 이 외에도 직감을 따른 덕분에 목숨을 건졌다는 수많은 사례가 있다. 하지만 과학과 심리학은 직감을 설명하지 못한다. 한마디로 직감은 좌뇌로는 설명할 수 없다는 뜻이다.

많은 사람들이 직감을 우연일 뿐이라 말하지만 제임스 박사는 단지 우연으로 치부하기에는 이런 경험이 너무 흔하게 일어난다는 점에 주목했다. 그는 의식적인 마음이 완전히 감지하지 못하는 어떤 것이 몸에서 일어난다고 생각했다. 그래서 '가장자리fringe'라는 이름을 붙인 것이다. 직감을 미신으로 여기는 사람은 전형적으로 좌뇌와 본인을 심하게 동일시하는 경우가 많다. 이렇듯 해석적 마음은 직감을 신뢰하지 않지만 나는 직감이 또 하나의 유용한 의식 형태라고 생각한다. 단지 '주인'이 가치를 인정해 주지 않으니, 결과적으로 많은 사람들이 아예 감을 잃어버리거나 이것이 의식의 믿음직한 부분이 아니라 여길 뿐.

최근에는 직감에 관한 몇 가지 연구가 이루어졌다. 이 연구에서는 직감이 '무의식적'으로 의사 결정을 하며 어떤 면에선 좌뇌가 추구하는 지식보다 더 우수한 형태의 지능일 수 있음을 밝혔다(여기서 '무의식적'이란, 좌뇌 언어 반구에서 이용이 불가능하다는 의미다).

사람들에게 2000달러와 두 벌의 카드 묶음을 주고 가능한 한 돈을 많이 따야 하는 게임을 제시한다. 그들은 원하는 묶음에서 카드를 한 장 뽑는다.[4] 첫 번째 묶음은 크게 벌거나 크게 잃는다. 두 번째 묶음은 적게 벌지만 적게 잃는다. 결국 두 번째 묶음에서 카드를 뽑는 게 전체적으로 이득이 되는 게임이었다. 이 설계를 '의식적'으로 눈치챈 건 대략 50번에서 80번 정도 진행된 시점이었다. 동시에 참가자들의 손바닥 땀샘을 측정했는데, 놀랍게도 게임이 겨우 10번 정도 진행된 시점에서 첫 번째 묶음에 손을 뻗을 때마다 땀이 나고 있었다. 손바닥에서 땀이 난다는 건 불안하다는 신호다. 이것은 무의식적인 지능이 의식적인 지능에 비해 월등하게 빠르다는 걸 의미했다.

더욱 흥미롭게도, 몇몇 사람들은 두 번째 묶음에서 카드를 선택하는 게 이득이란 걸 끝까지 모르는데 이런 사람들조차 첫 번째 묶음에 손을 뻗을 때 땀이 났다. 결국 우뇌는 옳은 선택을 알고 있었지만 좌뇌는 끝까지 알아차리지 못했다.[5]

의사 결정에 직감이 미치는 영향을 측정하는 실험도 있었다. 참가자들은 모니터 앞에 앉아 무작위로 나타나는 하얀 점들을 본다.[6] 마치 낡은 TV에서 잡신호가 잡히듯 말이다. 그리고 이따금 감정을 유발하는 그림을 인식하지 못할 만큼 번쩍 보여 주었다. 예를 들어 귀여운 강아지 사진(긍정), 소름끼치는 뱀 사진(부정) 등이다. 그 후 참가자들에게 하얀 점들이 어느 쪽으로 움직였는지 물었다. 하얀 점은 아주 미세하게 움직여서 알아맞히기 상당히 어려웠지만, 이 실험은 점이 움직인 방향과 긍정 및 부정 이미지를 연결하는 식으로 설계되어 있다. 예를 들면 귀여운 사진이 나오면 점을 왼쪽으로, 소름끼치는 사진이 나오면 점을 오른쪽으로 움직이는 식으로 말이다. 그러자 결과는 놀라웠다.[7] 사람들은 사진이 나오지 않을 때보다 사진이 나올 때 훨씬 빠르고 정확하게 방향을 맞혔다. 이 사진이 해석 장치에게는 보이지 않는다는 점을 기억하라. 참가자들은 중간에 사진이 나타났는지 전혀 몰랐다.

우뇌가 부분보다 전체를 보며 좌뇌가 알아차리지 않은 것까지 감지한다는 걸 알면 이 실험 결과를 이해하기 쉬울 것이다.[8] 그리고 우뇌는 좌뇌 모르게 좌뇌의 선택에 영향을 미친다. 어쩌면 직감은 이렇게 설명할 수 있지 않을까. 우뇌가 좌뇌는 감지하지 못하는 정보를 감지하고, 그것을 영감이나 직감이라고 불리는 형태로 의식 표면에 올린다. 결국 좌뇌는 자신이 어떻게 그 정보를 알고 있는지 설명도 못하고 이해도 못한다.

감정을
어떻게 다스릴까?

우뇌는 기쁨에서 비탄까지, 행복에서 우울까지, 그리고 그 사이에 있는 모든 감정을 일차적으로 담당하는 영역이기도 하다. '육감gut feelings'이라는 은유에서도 직관, 감정, 육체가 서로 연결되어 있다는 것을 알 수 있다. 서양에서는 흔히 감정보다 논리를 선택하라고 말하는데, 이 역시 주인이 되고 싶은 좌뇌의 외침이다.

대부분의 지능 검사는 언어 능력과 추론 능력을 측정한다. 당신의 어휘력이 출중하다면, 전통적인 아이큐 먹이사슬의 정점에 설 수 있다. 물론 사회지능, 공감능력, 자기인식 능력은 부족할 수도 있지만 좌뇌 중심 문화에서 이런 항

목은 거의 측정하지 않는다. 주변에 '너무 똑똑해서 일반적인 대화가 불가능한 사람'이 있는가? 이런 표현은 현재 우리가 지능을 어떤 식으로 측정하고 있는지 그대로 보여 준다.

다행히 1990년대 중반부터 이런 시류도 변화하기 시작했다. 대니얼 골먼Daniel Goleman이 그의 책에서 감성지능 또는 EQ(감성 지수)라는 개념을 대중화한 것이다.[9] EQ란 자신과 타인의 감정을 인식하고, 이해하고, 조절하는 능력으로 정의된다. 그는 이후 저서에서 EQ와 뇌를 함께 살펴보고 EQ가 자의식, 자기관리, 사회의식, 관계 관리라는 네 가지 요소로 구성된다고 말했다.[10] 또한 그는 이 네 가지 요소가 주로 우뇌와 깊은 연관이 있다고 언급했다. 마지막 두 개는 언뜻 납득이 가는데, 자의식과 자기관리가 포함된다는 말은 의아할 수도 있다. 그래서 그것부터 설명해 보려 한다.

감성지능이라는 개념이 나오고 얼마 지나지 않아 나는 논문 하나를 발표했다. '우뇌의 영향을 더 많이 받는 사람들이 왜 더 자기 성찰적인가?'라는 주제였다.[11] 내용은 매우 간단하다. 뇌의 좌측에서 자신에 대한 이미지(에고)를 창조한다면, 이것을 관조할 수 있는 방법은 오직 시스템의 바깥에서 바라보는 일밖에는 없다. 그리고 그건 우뇌다. 그러나 우뇌는 오직 감정으로만 말한다. 그래서 우리는 자신을 성찰할 때면 생각을 분석하기보다는 감정을 느낀다. 그렇게 상황에 맞는 진실을 찾아 나간다.

처음으로 EQ를 높이려고 노력한 사람들이 어쩌면 선불교의 수행자들인지도 모른다. 선의 대가라면 감정을 억제할 것이라 생각하기 쉽지만 사실 그렇지 않다. 그들은 감정이 없는 게 아니라 감정과 싸우지 않기 위해 감정을 다스린다. 감정에 끌려다니지 않기 때문에 감정으로부터 자유롭다. 이를 완벽하게 보여 주는 오래된 불교 이야기가 있다. 걸핏하면 화를 내던 수행자가 그 못된 성질을 걱정하여 스승께 조언을 구한다. 스승이 말한다. "그 화를 나에게 보여 다오." 물론 제자는 그럴 수 없었다. 제자는 화를 의지대로 다룰 수 없고, 본인이 낸다기보다 그냥 일어났기 때문이다. 스승이 대답한다. "만약 그걸 다룰 수 없다면 그건 너의 진정한 본성이 아니다." 그 후로 제자는 안에서 화가 솟아오르는 것을 느낄 때마다 스승의 말을 떠올렸고, 그러자 화는 저절로 가라앉았다.

떠오르는 감정을 그저 바라보는 것만으로도 EQ를 높일 수 있다. 감정과 해석으로 생기는 반응 사이에 틈을 만들기 때문이다. 이런 방식은 감정과 싸우거나 감정을 억누르는 것과 다르다. 명상에서는 마음을 어지럽히는 생각이나 감정이 올라올 때 그것을 그냥 바라보고 다시 지금 이 순간으로 돌아오라고 가르친다.

아주 어린 아이들은 감정의 변화가 자연스럽다. 아이는 어떤 감정도 억지로 만들어 내지 않으며, '옳은' 감정 '나쁜' 감정을 구분하지도 않는다. 거기에 학습된 범주도 언어도 없기 때문이다. 그러나 몇 년이 지나면 아이는 판단하기 시작한다. 어떤 감정은 옳기 때문에 느껴도 되고, 어떤 감정은 나쁜 것이라 피해야 한다고. 인류는 행복해지기 위해 필사적으로 노력했다. 모든 부정적 감정을 피하면 행복을 찾을 수 있다고 생각하며 말이다. 그러나 이런 노력은 선불교에서 말하는 수행과 완전히 반대다. 선의 관점에서, 세상에 잘못된 감정 따위는 없다. 그러니 갈구하거나 맞서 싸울 감정도 존재하지 않는다. 내 학생들은, 나에게 "좋은 하루 되세요."라고 말하면 내가 귀찮게 군다는 걸 잘 안다. 나쁜 하루여도 전혀 문제가 없다고 답할 것이기 때문이다.

지금은 매우 유명해진 한 강의에서, 동양 철학자이자 영적 지도자인 J. 크리슈나무르티J. Krishnamurti가 청중에게 물었다. "나의 비밀이 무엇인지 알고 싶은가요?" 그리고 부드러운 목소리로 이어 말한다. "나는 어떤 일도 마음에 두지 않습니다."

모든 감정을 완전히 받아들인다면, 당신은 더 이상 감정에 지배당하지 않는다. 왜냐하면 당신이 감정을 지배하려 들지 않기 때문이다. 더 정확히 표현하자면 해석적 마음이 감정을 지배하길 포기했다고 할 수 있다. 그 순간부터 그것은 더 이상 주인이 되려는 짓을 멈춘다.

감사하는

뇌

감사와 연민은 우뇌를 살짝 들여다볼 수 있는 특별한 창문이 되어 줄 것이다. 많은 사람들은 감사와 연민을 미덕

으로 여기며 더 만족스러운 삶을 사는 데 도움이 된다고 믿는다. 때문에 이 둘을 추구해야 할 이상, 또는 '갖추어야 할' 품성으로 생각한다. 그러나 감사와 연민은 우리 모두가 타고난 품성이다. 이는 앞서 테일러 박사의 경험에서도 짐작할 수 있다.

테일러 박사는 자신이 뇌졸중을 겪는 동안 지극히 자비롭고 끝없이 긍정적인 상태였다고 말했다. 뇌졸중으로 좌뇌가 작동하지 않는 상황이었으니 그런 느낌은 오직 우뇌에서 기인한 것이고, 이는 감사와 연민이 이미 우리 안에 존재하고 있다는 사실을 암시한다. 단지 좌뇌의 끝없는 해석 때문에 이 감정들에 접근하지 못했을 뿐. 누군가는 낙관적인 사람을 보고 '뜬구름 잡는 세상에 산다'고 비난하지만, 사실 진정한 감사는 현실에 대한 깊은 이해에서 나오는 것이다. 어떤 연구에서 고마움을 느끼는 마음이 뇌의 우측을 활성화시킨다고 했다. 이에 대해 살펴보기 전, 불평이 뇌의 어느 부분에서 나타는지 알아보자.

불평은 흔하게 볼 수 있고 사회적으로도 잘 받아들여지는 표현의 하나다. 그러므로 여기서 내가 말하는 불평은 도움을 주는 회의적 태도나 건설적인 비판과는 다르다는 걸 미리 밝힌다. 내가 의미하는 바는 도움이 되지 않는 방식으로 그냥 그러할 뿐인 것에 이의를 제기하는 불평을 의미한다. 예를 들면 이런 것이다. "날씨가 최악이네!"

불평을 정의해 보자. 불평은 어떤 것에 대해 '지금 이 상태가 맘에 안 들어.' 또는 '어떻게 이런 일이 일어날 수 있는 거야.'라는 생각을 옹호하는 발언이다. 짐작하겠지만, 큰 소리로 말하든 속으로 말하든 그것은 해석적 마음으로부터 나온다. 불평이란 오직 사건에 대한 해석일 뿐이다. 그것은 이야기일 뿐이고, 일종의 부정적인 판단이다.

'비가 와서 하루를 망쳤어.' '타이어가 터졌네. 재수가 없으려니.' '차 정말 더럽게 막히는군.' 이런 생각은 모두 도움이 되는 비판이라기보다 부정적인 마음의 반영일 뿐이다. 심지어 '불행 배틀'이라는 이름의 논쟁도 있지 않은가. 친구들이 옹기종기 모여 누가 가장 최악의 하루를 보냈는지 대결한다. 웃기게도, 여기서 승리한 사람은 곧 패배자다.

수많은 연구뿐 아니라 우리가 예상한 대로, 불평은 불안과 우울로 이어진다.[12] '대기 줄이 진짜 짜증나게 기네.'

'내 인생 왜 이러냐.' '정말이지 떠나고 싶다.' 이런 마음은 점점 신념으로 굳어지고, 그 믿음에 어울리는 감정이 뒤따라 나온다. 요약하면, 불평은 현실이 불합리하다는 신념이 된다. 이는 종종 눈덩이처럼 커져서 한 가지 불평이 부정적인 감정을 불러오고, 그 파도가 또 다른 신념에 영향을 미쳐 더욱 부정적인 감정의 쓰나미를 겪게 되는 것이다. 해로울 뿐인 불평은 모두 좌뇌와 신기루 같은 자아에 과도하게 동일시되는 것과 깊은 관련이 있다. 오직 에고만이 그냥 그러할 뿐인 현실에 이의를 제기할 수 있을 테니 말이다.

한편, 감사는 우뇌의 반영이다. 확실히 하자면, 감사하다는 것은 현실을 단순히 받아들이는 수준을 넘어 현실 그 자체에 고마움을 느끼는 것이다. 만약 우뇌가 말을 할 수 있다면, "비가 오는 현실을 받아들이겠어." 대신 "비가 와서 너무 기뻐."라고 할 것이다. 실제로 사람들이 감사함을 느낄 때 우뇌 쪽에 더 큰 활동이 포착되었다.[13] 또 다른 연구에서는 더 많이 감사하는 사람들이 우뇌 쪽의 특정 부위에 더 많은 회백질gray matter을 가지고 있음을 확인했다.[14]

참가자들을 무작위 두 집단으로 나누고 한쪽은 감사했

던 일을 매일 다섯 개씩 적게 했고, 다른 쪽은 불만이었던 일을 다섯 개씩 적게 했다. 10주 후, 감사 그룹은 미래에 대해 더 긍정적이었고, 건강 문제도 적었으며, 운동에도 더 많은 시간을 쓴 것으로 나타났다.[15]

많은 면에서 감사는 해석 장치와 정반대 품성을 반영한다. 당신에겐 두 가지 선택지가 있다. 매사 불평하는 관점으로 세상을 볼 것인지, 감사하는 관점으로 세상을 볼 것인지. 내가 좋아하는 작가 올리버 색스Oliver Sacks는 이 두 가지 선택지를 확실히 의식하고 있었다. 그는 죽음에 임박해서 짧은 책을 썼는데, 제목이 《고맙습니다》다.[16] 그는 책에 이렇게 적었다.

"내게 두려움이 없다면 거짓말이겠죠. 하지만 지금 내 안에서 가장 두드러지는 감정은 그저 감사함입니다. 나는 사랑했고 사랑받았습니다. 많은 것을 받았고 줄 수 있는 것을 주었습니다. 무엇보다도, 이 아름다운 행성 위에서 감각하는 존재였고 생각할 줄 아는 동물이었습니다. 그것은 자체로 엄청난 특권이자 모험이었지요."

감사는 우리가 좌뇌로부터 벗어나 우뇌가 지닌 힘에 주

파수를 맞추는 하나의 선택지가 될 수 있다고 할 수 있다.

연민 또한 우뇌의 영역이다. 불교에서는 연민을 '타인을 잠재적인 나 자신으로 보는 능력' 또는 '모든 것이 서로 연결되어 있음을 봄'이라 설명한다. 연민은 큰 그림에 관한 것이고 그건 우뇌의 전문 영역이다. 여기에 덧붙이자면, 진정한 연민은 오직 타인의 입장에서 생각할 수 있을 때 일어난다.

인지신경과학자인 레베카 색스Rebecca Saxe는 뇌가 타인의 생각을 어떻게 이해하는지 오랜 기간 연구해 왔다. 그리고 연민에 필수적인 어떤 부위를 우뇌 쪽에서 찾아냈다.[17] 이해를 돕기 위해, 실험 삼아 다음 시나리오를 읽어 보자.

그레이스와 샐리가 화학 공장에 견학을 간다. 그레이스가 커피를 마시러 커피머신 쪽으로 갈 때, 샐리가 자신에게도 커피에 설탕을 좀 넣어서 갖다 달라고 한다. 커피머신 옆에는 하얀 가루가 놓여 있다. 이것은 치명적인 화학물질이었고 어떤 직원이 실수로 거기 두고 간 것이다. 하지만 가루가 담긴 용기에는 분명히 '설탕'이라고 쓰여 있다. 그레이스는 그것을 설탕이라 생각하고 샐리의 커피에 섞어서 준다. 그것을 마신 샐리는 사망한다.

샐리의 죽음에 그레이스는 얼마만큼 책임이 있을까? 아마 대부분 아무 책임이 없다고 판단할 것이다. 그리고 이 판단을 내릴 때 우뇌가 결정적인 역할을 한다. 우뇌에는 우측 측두두정 접합부RTPJ라는 영역이 있는데, 여기는 딱 한 가지 일만 한다. 바로 타인의 입장을 생각해 보는 것. 레베카의 연구에 따르면 그레이스의 마음을 이해하고 그녀에게 죄가 없다고 생각하는 사람일수록 이 영역이 활성화되었다고 한다. 만약 이 부위에 자기파를 쏘아 선택적으로 기능을 교란시키면, 참가자들은 그레이스의 마음을 헤아리기 어려워했다.

사실 어린아이들은 이 영역이 충분히 발달되지 않아서 남의 입장을 헤아리는 데 어려움을 느낀다. 만 2세에서 3세 아이들과 함께 있어 보면 확실히 느낄 수 있다. 그 나이대 아이들은 또래 친구들과 놀면서 마음에 드는 장난감이 있더라도 그걸 공유해야 한다는 생각을 잘 하지 못했다.

신화 연구가 조셉 캠벨Joseph Campbell은 연민에 대해 이렇게 말했다. "진정한 고난이 닥칠 때, 당신의 인류애가 깨어난다." 우리 중 많은 이들이, 상황이 닥친다면 생면부지의 타인을 구하기 위해 조금도 주저 없이 불난 건물에 뛰어들 것이다. 그런데 이는 사실 좌뇌의 입장에선 터무니없는 짓이다. 우리의 진정한 자아는 좌뇌가 인정하는 것보다 훨씬 더 자비롭다. 그게 맘에 들든 안 들든 말이다. 주인이 되고픈 좌뇌의 욕망을 다독여 균형을 맞추면, 타인과의 깊은 유대감, 비범한 연민이 비로소 드러난다.

창의성

오래전부터 우뇌와 관련되었다고 알려진 또 다른 영역은 바로 창의성이다. 최근 신경과학에서는 이런 구분이 너무 단순하다는 비판도 있다. 지금부터는 어째서 우뇌가 이런 특징을 갖게 되었는지 간단히 살펴보겠다.

신경망 구조를 보면 좌뇌와 우뇌는 해부학적으로 구조가 다르다. 우뇌는 좌뇌에 비해 더 많고 더 긴 신경섬유를 가지고 있는데, 이는 뇌의 다른 영역들과도 촘촘하게 연결되어 있다.[18] 이러한 거대한 연결성 덕분에 우뇌는 다양한 생각들을 새롭게 잇는다. 바로 이 점 때문에 우뇌가 창의적인 뇌로 불리는 것이다.

창의성이라고 하면 대부분 순수 예술을 떠올린다. 예를 들면 회화, 조각, 문학 말이다. 하지만 창의성은 그보다 훨씬 넓은 범위의 활동에 적용된다. 이와 관련된 창의성 테스트도 있다. 원격연상단어검사RAT는 겉보기에는 서로 동떨어져 있는 듯한 것들 사이에 관련성을 찾는 능력을 측정한다.[19]

평소에 연상하는 능력이 뛰어나다면, 그건 당신의 우뇌가 도왔을 가능성이 많다. 이 연상 작용은 창의적인 활동이라 볼 수 있는데, 서로간의 관계가 당장은 분명하지 않기 때문이다. 이런 점에서 창의성은 그 자체로 지능의 한 형태라고 볼 수 있으며, 종종 좌뇌와 협동하여 새로운 발견을 해내는 도구로 쓰인다. 예를 들어 알버트 아인슈타인은 논리와 이성적 사고를 기반으로 한 분야의 대가로 알려져 있다. 그러나 그는 다른 누구도 보지 못했던 공간 내 물체의 움직임과 시간의 느려짐 사이의 관계를 아주 참신한 방법으로 발견했다.

게다가 많은 예술가들은 자신의 창의성이 직감과 연결되어 있다고 느낀다. 작가 레이 브래드버리Ray Bradbury는 이렇게 말했다.

"직감이 무엇을 쓸지 다 알고 있소. 그러니 당신은 방해일랑 마시오!"[20]

영화 제작자이자 예술가인 데이비드 린치David Lynch는 여기서 한술 더 뜬다.

"직감이야말로 모든 것의 열쇠다. 그림, 영화, 사업 그 모든 것에서. 당신은 그냥 똑똑할 수도 있겠지. 하지만 직감을 날카롭게 벼릴 수만 있다면, 그땐 차원이 다른 앎이 일어난다."[21]

예술가뿐만 아니라 자신의 엄청난 성공이 직감 덕분이라고 말하는 사람들이 상당히 많다. 스티브 잡스, 오프라 윈프리, 칼 융 등등.

직감, 감정, 창의성의 영역에서 우뇌 지능은 '언어를 넘어서는 지혜'를 가져다준다. 설령 좌뇌가 자신의 반대편 파트너에게 무슨 일이 일어나는지 애써 무시하고 폄하할지라도, 우뇌의 힘과 잠재력을 부정할 수는 없다. 우뇌는 삶을 바꾸는 통찰, 폭발하는 직감적인 천재성, 그리고 창의적으로 문제를 해결할 커다란 도약을 이끌어 내기 때문이다.

우뇌 지능 테스트

불평 없이 하루 버티기

수업 중 학생들에게 하루 동안 불평 없이 얼마나 오래 버틸 수 있는지 도발하며, 그 결과를 리포트로 써 오라 한 적이 있다. 여기서 불평은, 현실에 대한 트집거리를 찾아내는 활동으로 정의한다. 단순히 회의적인 태도나 유익한 비평은 제외다. 이 과제에서 내가 읽어 본 것 중 최고로 통찰력 넘치는 보고서들이 나왔다. 학생들은 자신이 불평을 그렇게나 습관적으로 하고 있었다는 사실을 알고 깜짝 놀란다. 어떤 학생들은 딱히 개선하려는 생각도 없이 불평을 '사랑하고' 있었고, 대다수가 하루는커녕 수업이 끝날 때까지 불평하지 않는 일이 불가능했다고 고백했다.

어떤 학생들은 자신이 불평하는 걸 좋아한다고 믿기도 했다. 하지만 대부분은 자신이 오랫동안 불평을 늘어놓을수록 오히려 부정적인 감정이 더 많이 올라온다는 걸 깨달았다. 평소 열 받았던 것들을 불평하며 열심히 배출하고 나면 속이 풀리고 기분이 좋아질 것 같지만 오히려 더 우울해지고 기분이 나빠진다고 얘기한 것이다.

직감 테스트

과소평가된 우뇌의 능력을 꽤 시간을 들여 살펴보았다. 하지만 그렇다고 언제나 우뇌가 옳다는 의미는 아니다. 현대 심리학에서 중요한 질문 중 하나는 이것이다. 직감을 신뢰해야 할 때는 언제이고, 이를 기각해야 할 때는 언제인가? 1970년대 심리학 연구들은 우리의 육감이 사실상 우리를 곤경에 빠트리기도 한다는 것을 보여 주었다.[22]

하나 예를 들어 보자. 지금부터 '짐'이라는 사람에 대한 네 가지 정보를 알려 주겠다.

짐은 키가 작다. 마른 체격이다. 안경을 쓴다. 그리고 시를 좋아한다. 그렇다면 짐은 아마도,

A. 아이비리그 영문학 교수이다.

B. 트럭 운전사다.

직감이 당신을 어느 쪽으로 인도하는가? A가 당신 마음에 팍 떠오르지 않는가? 자, 이제 좀 더 엄격하고 선형적인 추리를 해 보자. 세상에 아이비리그 영문학 교수가 몇 명이나 될까? 그중에 몇 명이 작을까? 마른 사람은? 안경 낀 사람은? 시까지 좋아한다? 좋다…. 이제 세상에 트럭 운전사는 몇 명이나 될까? 정확한 숫자는 몰라도 아이비리그 교수보다 압도적으로 많다는 건 분명하다. 그러므로 사실상 짐이 트럭 운전사일 가능성이 훨씬 높을 수밖에 없다.

또 다른 예를 들어 보자. 당신이 룰렛 게임을 하고 있다. 그런데 빨강이 다섯 번 연속으로 나왔다. 빨강과 검정 중 어디에 돈을 걸겠는가? 검정을 선택해야 한다고 느낀다면, 그게 바로 일명 도박꾼의 오류gambler's fallacy다. 그렇게나 연속

으로 빨강이 나왔다면 이제 검정이 나올 차례가 되었다고 생각하는 것이다. 하지만 실제로 각각의 판은 이전 판의 결과와 독립적이다. 다른 수많은 예시에서도 알 수 있듯이, 우리가 '육감'을 사용할 때면 고정관념, 일반화의 오류, 어림짐작에 쉽게 빠지며 이것이 실제로 결과가 좋지 않은 쪽으로 흘러갈 수 있다.

정리하자면, 직감이라는 것은 존재하고 고려할 만할 가치도 충분하지만 그것을 우리의 의지로 만들어 낼 수는 없기에 맹신하여 오류를 범하지 않도록 조심해야 한다. '주인'인 좌뇌는 직감의 재능조차 인정하지 않는 터라, 이것을 제대로 키우는 사람도 드물고 이것이 틀릴 때를 대비하는 경우도 거의 없다.

중대한 결정에 직감 써먹기

큰 결정을 앞두고 있는가? 한 연구에서는 큰 지출을 결정할 때(여기서는 자동차를 사는 경우였다), 직감적인 이끌림 또는 육감을 따른 사람들이, 오랫동안 면밀히 따져 보고 결정한 사람들보다 만족도가 높았다고 밝혔다.[23] 당신이 다음에 큰 결정을 내려야 한다면, 그것에 대한 첫 느낌을 적어 두자. 연구에 따르면 그 직감을 따르는 편이 더 현명할 수 있다. 우뇌는 당신이(더 정확하게는 당신의 좌뇌 해석 장치가) 알지 못하는 큰 그림의 정보를 이미 알고 있을지도 모른다.

7장

의식은 어디에 있을까?

: 뇌와 의식의 관계

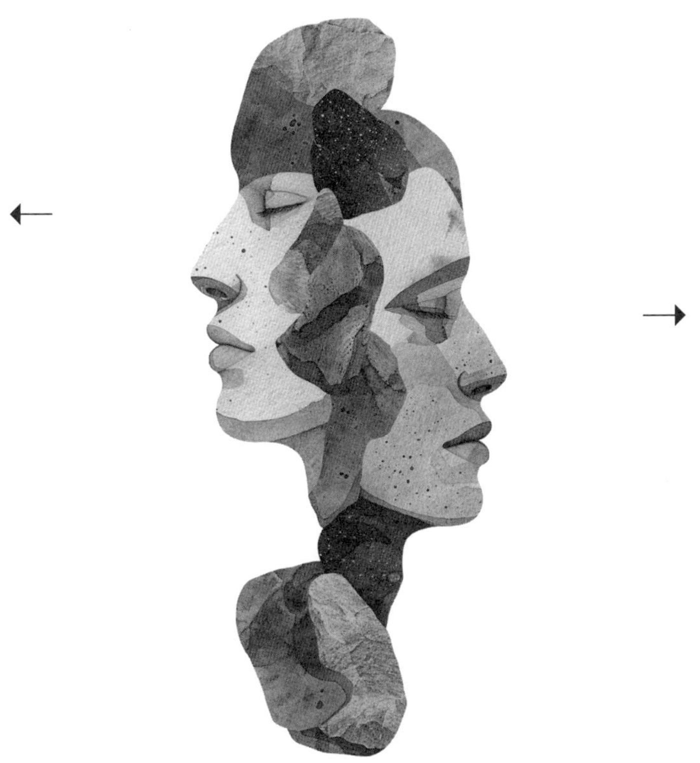

NO SELF NO PROBLEM

모든 존재가 곧 자기 자신임을 아는 자에게

더 이상 망상과 비탄은 없다.

-《우파니샤드》

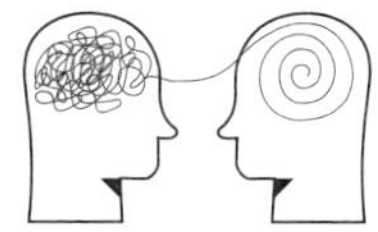

의식이란
무엇인가

여기까지 불교와 동양 사상의 가르침을 뒷받침하는 신경심리학적 증거들을 살펴보았다. 그 결과, 우리는 늘 당연하게 받아들였던 자아가 실은 환영에 가까우며, 이것이 인간이 겪는 정신적 고통을 상당 부분 만들어 냈다는 것을 알게 되었다. 우리가 이를 알아차리기 어려운 이유는, 좌뇌가 자신의 신기루 같은 속성을 단단히 믿으면서, 빈틈이 생기지 않도록 열정적으로 일하기 때문이다.

우리는 우뇌에 대해서도 알아보았다. 비록 우뇌가 언어화 능력이 없는 탓에 '무의식적'인 것으로 낙인찍혔지만, 그

나름의 고유한 지능을 지니고 있었다. 게다가 의미를 찾아내고 전체를 이해하는 영역만큼은 '의식적인' 좌뇌가 '무의식적인' 우뇌에게 의지할 수밖에 없다.

이러한 증거들로 당신의 생각이 바뀌었건 그대로이건 상관없이 모두가 동의할 수 있는 하나는 분명하다. 바로 우리에게 의식이 있다는 사실이다. 다시 말해, 인간이 지각perception하고 있다는 감각은 누구도 부정할 수 없다. 그리고 자아라는 느낌이 의식에서 너무나 중심에 있기에 이런 의문이 든다. 자아가 정말로 허구에 불과하다면, 의식이란 건 뭘까?

한 가지 덧붙이자면, 현대 신경과학은 다른 어떤 믿음보다도 의식이 뇌 안에 위치한다는 믿음을 굳게 지지한다. 의식이 뇌의 영역이라는 믿음 때문에 전통적인 신경과학은 의식 역시 개별적이라고 가정한다. 즉, 의식이란 각각의 뇌 안에 따로따로 존재한다는 뜻이다. 나는 '나의 의식'을 갖고, 당신은 '당신의 의식'을 갖는다. 이런 의미에서 해석 장치는 본인이 마치 의식을 '소유하고' 있다고 생각한다.

뇌와 의식이 연관되어 있는 것은 분명하다. 머리를 오래

흔들면 분명 어지러움을 느낀다. 하지만 이것만으로 모든 이야기를 설명할 수는 없다. 눈앞의 들판이 평평해 보인다 해서 지구가 평평한 모양은 아닌 것처럼 말이다.

형태장 가설

작가이자 연구가인 루퍼트 셸드레이크Rupert Sheldrake의 저작들을 살펴보자. 그는 오랫동안 과학에서 당연시했던 불필요한 여러 가정들에 의문을 제기했고, 그중 하나가 의식이 두개골 안에 갇혀 있다는 가정이다. 그는 의식이 두개골 밖으로 확장될 수 있다고 믿었으며 일종의 장field에 더 가깝다고 생각해, 이것을 형태장morphic field이라고 불렀다.[1] 용어에 익숙지 않은 사람들을 위해 부언하자면, 과학에서 장field이라 함은 일종의 보이지 않는 힘의 영역으로, 물질적 대상과는 다른 특성과 움직임을 보인다. 형태장은 물질적 대상에 붙어 있거나 그 주위를 감싸고 있는 개념이다. 예를 들어 자기장이 자석 주위에서 어떤 모습으로 존재하는지 생각해 보자. 자석을 잘게 조각내더라도 자기장은 계속 유지될 것이다. 장field은 자체로 총체적holistic이어서 자석처럼 조각조각 분리시킬 수 없다.

인간과 달리 해석 장치가 발달하지 않은 동물들은 의식이 뇌 밖으로 확장될 수 있다는 힌트가 된다.[2] 셸드레이크는 고양이의 행동을 예로 들어 설명했다. 고양이는 동물병원에 갈 때가 되면 종종 이를 알아차리고 두려움에 떤다. 주인이 아무리 찾아도 고양이는 어디론가 숨어서 보이지 않는다. 고양이를 데려가기 위해 주인은 최대한 낌새를 줄여 보지만, 어떻게 해도 그냥 아는 것 같다. 셸드레이크가 조사한 동물병원 65곳 중 64곳에서 묘주가 고양이를 찾지 못해 예약 시간을 놓치는 경우가 빈번하다고 증언했다. 마지막 65번째 병원은 이런 일이 너무 자주 일어나서 아예 예약제를 포기했다.

반려동물을 키우는 사람이라면 알 것이다. 동물들은 가족 구성원이 집에 도착하는 순간을 미리 알고 있는 것 같고, 누군가가 문 앞을 지나가기 전에 이를 미리 감지하는 것

같다. 우리 집에는 2.5킬로그램 정도 나가는 작고 신경질적인 강아지가 산다. 그 녀석에게는 나의 아내가 우주의 중심이다. 이 아이는 아내가 언제 집에 오는지 안다는 듯이 행동한다. 갑자기 제자리에서 원을 그리며 뱅뱅 돌고 창문 쪽으로 뛰어갔다가 다시 뱅글뱅글 돌다 보면 아내가 도착하는 것이다. 내가 놀란 건 아내가 올 낌새가 전혀 느껴지지 않은 날조차 같은 행동을 보였을 때다. 나조차 모르는 상황, 예를 들어 아내가 뭔가를 잊고 다시 집에 돌아와야 하는 상황을 우리 강아지는 나보다 먼저 알아채고 있었다.

그러나 이런 현상이 과학적으로 타당하려면, 오직 맞은 사례만 기억하고 틀린 사례는 잊은 게 아닌지 분명히 따져 봐야 한다. 셸드레이크는 이런 상황에 대해 아주 주의 깊은 연구를 진행했다. 우선 반려동물의 주인에게 예고 없이 집에 오라는 연락을 준다.[3] 그럼 주인은 택시를 타고 집으로 향한다. 집에 가고 있다는 다른 낌새는 주지 않는다. 이 연구에서, 반려동물이 흥분하거나 기대하는 행동을 보인 시점과 주인이 전화를 받고 집에 가려고 마음먹은 시점이 정확히 일치했다. 이는 동물과 주인의 의식 사이에 모종의 연결이 존재한다는 것을 암시한다.

마지막으로 소개할 동물의 사례는 20세기 중반, '기적의 마이크Miracle Mike'라고 불린 닭의 이야기다. 이 닭은 머리를 잘렸지만 살아남았다. 마이크는 도끼를 잘못 내려친 탓에 뇌줄기brain stem와 한쪽 귀만 남아 있는 상황이었다. 주인은 그 끈질긴 생명력을 보고 살려 두기로 결정했고, 스포이트를 써서 음식과 물을 직접 목으로 넣어 주었다. 마이크는 그로부터 2년이나 더 살았다. 머리는 없었지만 잘 걸어 다녔고 다른 행동도 정상적이었다. 심지어 서커스단과 함께 투어를 다니기도 했다. 마이크의 사례를 보면, 의식이 뇌에 있다는 주장은 불가능한 것처럼 보인다.

의식이 뇌를 벗어나 확장할 수 있다는 가능성을 잠시만 열어 둔다면 이른바 심령psychic 현상이나 초자연적paranormal 현상도 설명할 여지가 생긴다. (좌뇌가 이런 용어들에 거부 반응을 보일까 봐 밝혀 두자면 이 둘은 과학계에서 흔히 통용되는 용어다.) 이런 현상의 좋은 예로 스탠퍼드대학교의 교수 러셀 타그Russell Targ와 해럴드 푸토프Harold Puthoff가 천리안remote viewing이라 부른, 오직 '마음의 눈'으로 먼 대상과 장소를 볼 수 있는 능력이 있다. 천리안 연구 개발 계획은 실제로 미국 CIA에서 1970년대와 1980년대에 걸쳐 자금을 지원받았다.[4]

천리안은 다소 멋들어지게 부르기 위한 말이고, 초심리학parapsychology에서의 공식 명칭은 원격 투시clairvoyance다. (참고로 이 단어는 프랑스어에서 유래했고 영어로는 clear vision이다.) 이는 어떤 사람, 사물, 또는 사건의 정보를 초감각적 지각을 통해 얻을 수 있는 능력을 일컫는다. 육체적 감각 너머에 있는 무엇인가를 감지할 수 있다는 건, 의식 또한 멀리 떨어진 장소로 갈 수 있다는 가능성을 의미한다.

이런 능력이 진짜 존재한다면, 적어도 일부 사람들에게는 의식이 뇌를 넘어 확장될 수 있다는 가능성이 생긴다. 게다가 직감 역시 이것으로 부분적이나마 설명이 될 수 있다.

이런 생각이 추측에 불과하더라도 확실하게 말할 수 있는 것이 있다. 최고의 기술과 최대의 노력을 기울였음에도 불구하고, 신경과학은 아직도 뇌 안에서 의식의 위치를 찾지 못했다는 거다. 어쩌면 뇌 속에 의식이 없기 때문일지도 모른다. 만약 의식이 뇌 속에 담겨 있는 게 아니고 단순히

뇌와 연결되어 있는 것일 뿐이라면 어떨까?

만약 의식이 뇌 속에 하나의 물건처럼 들어 있는 게 아니고, 차라리 더 큰 의식의 장field에 접속하면서 샘솟는 것이라면 어떨까? 그럼 자아의 느낌이 그렇듯, 의식 역시 명사라기보다는 동사처럼 느껴지기 시작한다. 명사는 단단하고 고정된 것이지만 동사는 유동적이고 활동적이다. 의식은 시공간을 넘나들기 때문에 고정된 어떤 것이 되는 건 불가능하다.

어쩌면 매일 아침, 의식이 70억 개의 뇌에 주파수를 맞추는tune in 것일지도 모른다. 잠에서 깨는 순간, 의식은 각자 유일무이한 70억 개의 기억과 관점에 접속한다. (그렇게 각각의 '조종사'가 된다.) 그러면 해석 장치가 재부팅된다. 어쩌면 오늘 아침에도 일어난 일일지도 모른다. 그리고 의식은 그 순간 자신을 그 고유한 인간과 동일시하고 추호도 의심하지 않는 것일 수 있다. 당신이 지금 '나는 나야'라고 생각하는 것처럼 말이다. 그렇다면 아마도 수행에서 흔히 이야기하는 '관찰자'라는 개념도 '관찰하는 행위'로 보는 것이 더 정확하다.

이것이 사실이라면 우리의 가장 근본적인 신념이 180도 뒤집힌다. 이제껏 살펴본 모든 개념 중에서도, 의식이 우리의 머릿속에 떡하니 앉아 있다는 생각을 많은 사람이 굳게 믿어 왔을 테니 말이다. 이런 감각은 내면의 자아라는 환상과 직접적으로 묶여 있다. 이 두 생각이 함께 작동해 두개골 안에 진짜 '내'가 있다는 느낌을 만들어 낸다. 개인의 의식과 자아, 이 두 개념이 전부 환상에 불과할 수 있다는 가능성을 당신도 의심해 보기를 바란다.

의식에 대한 마지막 고찰이다. 현대 과학은 유물론적 가정 위에 세워졌다. 따라서 뇌 같은 물질적인 실체가 현상의 주체가 된다고 생각한다. 이 말은 오직 뇌만이 의식을 만드는 주체라는 뜻이다. 계속 반복하지만, 그 정반대가 진실일 가능성은 없을까? 오히려 의식이 물질을 만들어 내는 것은 아닐까? 이 생각은 수많은 동양의 전통 사상에서 누누이 강조하는 말이다. 자아가 존재하지 않는다는 그들의 주장이 옳다면, 의식이 물질의 토대라는 주장도 옳은 게 아닐까? 니사르가닷타 마하라지가 말했다. **"세상 안에 당신이 있는 게 아니다. 세상이 당신 안에 있다. 그건 오직 의식의 결과일 뿐**

이다." 이런 개념은 이제 텅 빔(공)에서 형태(물질)가 나온다는 《반야심경》과 온통 흡사한 소리로 들린다. 이에 대한 깊은 논의는 이 책의 한계를 벗어나기에, 그냥 곰곰 생각거리로 남겨 두겠다.

의식 느껴 보기

번지수를 잘못 찾은 의식

다음 두 가지 체험은 의식과 육체의 관계가 얼마나 쉽게 변할 수 있는지 보여 준다. 의식이란 게 우리의 생각보다 훨씬 유연하고, 딱히 머리에 꽉 박혀 있지도 않다는 걸 느낄 수 있을 것이다.

첫 번째는 교실에서 바로 해 볼 수 있을 정도로 간단하다. 두 사람을 앞뒤로 앉힌다. 이때 같은 방향을 바라보게 한 뒤 눈을 가린다. 뒤에 앉은 사람이 A, 앞에 앉은 사람이 B다. 진행자가 A의 손을 잡고, 검지를 들어서 앞에 앉은 B의 코를 톡톡 치게 한다. 동시에, 진행자의 왼손으로 A의 코를 톡톡 친다. 이때 두 손가락의 움직임이 정확히 동시에 이루어지도록 한다.

이제 A의 뇌에 어떤 메시지가 보내질지 생각해 보자. 손이 50센티미터 앞 어떤 코를 건드리고 있다. 그리고 내 코가 건드려지고 있는데 내가 건드릴 때와 완벽하게 동시적으로 신호가 들어온다. 놀랍게도, 그리고 예외 없이, A의 뇌는 육체적 증거를 근거로 상당히 극단적으로 상황을 재구성한다. 자신의 코가 50센티미터 늘어났다고 추정해 버리는 것이다. A는 자신의 코가 천천히 50센티미터까지 늘어난다고 느끼거나, 일시에 확 늘어났다고 느낀다. 이 체험은 A에게 너무 충격적이고 놀라운 느낌이어서, 교실에 친구들이 꽉 차 있는 것도 잊은 채 비명을 지를 때도 있다.

두 번째는 약간의 준비가 필요하다. 가짜 고무손(할로윈 소품 가게에서 쉽게 구입 가능하다), 탁자, 커다란 가림막이 필요하다.[5] 피험자의 팔을 테이블 위에 올려놓되, 가림막을 수직으로 놓고 한쪽 손을 보지 못하게 한다. 가짜 손은 피험자 바로 앞, 원래 손이 있어야 할 자리에 올려놓는다. 이제 피험자에게 가짜 손을 쳐다보고 있으라 한 후, 가짜 손과 진짜 손의 같은 부위를 동시에 요리조리 건드리며 간단한 자극을 준다. 여기서도 피험자의 뇌에 어떤 메시지가 갈지 생각해 보자. 진짜 손과 똑같은 부위, 똑같은 타이밍에 자극이 가해지는 고무손이 보인다. 뇌는 또다시 극단적인 상황을 재구성한다. 이 고무손이 내 손이네. 피험자는 실제로 의식을 가짜 고무손으로 옮겨 버린다. 환각이 느껴지기 시작하면, 가짜 손을 망치로 내리치거나 기다란 바늘로 찔러 본다. 그러면 피험자들은 마치 진짜 손이 부서지거나 바늘에 찔린 것처럼 고통스러워한다.

라마찬드란 박사는 환각지phantom limb를 겪고 있는 환자들을 위해 흥미로운 치료법을 개발했다.[6] 팔다리를 잃은 사람들 중 일부는 잘린 부위가 아직 거기 있는 듯한 이상한 감각을 경험한다. 최악의 상황은 환각지에 통증이 있는 경우다. 어떤 환자는 가상의 손이 주먹을 너무 꽉 쥐고 있어서 가상의 손톱이 손바닥을 파고들며 엄청난 통증을 유발했다. 병원에 갔지만 있지도 않은 손을 치료할 방법은 없었다. 라마찬드란 박사는 이 경우, 뇌를 속일 수 있다면 치료효과가 있을 것이라 믿었다. 그는 거울이 달린 상자 형태의 기구를 만들어 환자의 멀쩡한 쪽 팔을 집어넣고 거울에 반사시켜 마치 양쪽 손이 다 있는 것처럼 보이게 했다. 그리고 반사된 손을 쳐다보면서 주먹을 천천히 펴도록 했다. 뇌가 (또는 어쩌면 의식이) 필요했던 것은 단지 가상의 주먹이 펴지는 모습을 보는 것이었다. 그 뒤로 통증은 사라졌다.

영능력 테스트

의식이 두개골 밖으로 확장될 수 있다는 가설을 직접 시험해 보는 재미있는 테스트가 있다. 준비물은 한 벌의 카드, 조용한 방, 4명 이상의 친구들이다. 우선 무작위로 다섯 장의 카드를 뽑은 후 테이블 위에 그림이 보이도록 놓는다. 그다음 친구들 중 한 명을 '수신자'로 정한 후, 잠시 방 밖으로 나가게 한다. 남아 있는 사람들은 '발신자'가 되어 다섯 장의 카드 중 하나를 고른다. 수신자를 다시 방으로 불러들인다.

모든 발신자는 침묵하고 수신자와 눈도 마주치지 않는다. 수신자는 각각의 카드를 손으로 만져 보며 어느 것이 선택된 카드인지 '느껴 본다.' 이제 마지막 단계다. 수신자가 틀린 카드에 손을 뻗을 때마다 나머지 발신자들은 마음속으로 '아니야'라고 외친다. 선택한 카드에 손이 가면 마음속으로 '맞아'라고 외친다. 수신자는 너무 급하게 서둘러서는 안 되며, 각각의 카드에서 느껴지는 미묘한 차이를 살펴야 한다. 충분히 살핀 후 수신자가 카드를 선택한다.

이 과정이 전부 의미 없는 짓이었다면, 확률적으로 카드를 맞힐 확률은 20퍼센트다. 그런데 이 테스트를 정기적으로 하는 한 친구의 경험에 따르면, 성공률은 항상 그보다 높았고 어떤 날은 80퍼센트까지 맞힌 적이 있었다고 한다. 비록 과학적인 연구는 아니지만 당신의 영능력 테스트로는 꽤 재미있을 것이다.[7]

8장

뇌를 알고 난 후의 세계

: 세 가지 삶의 전략

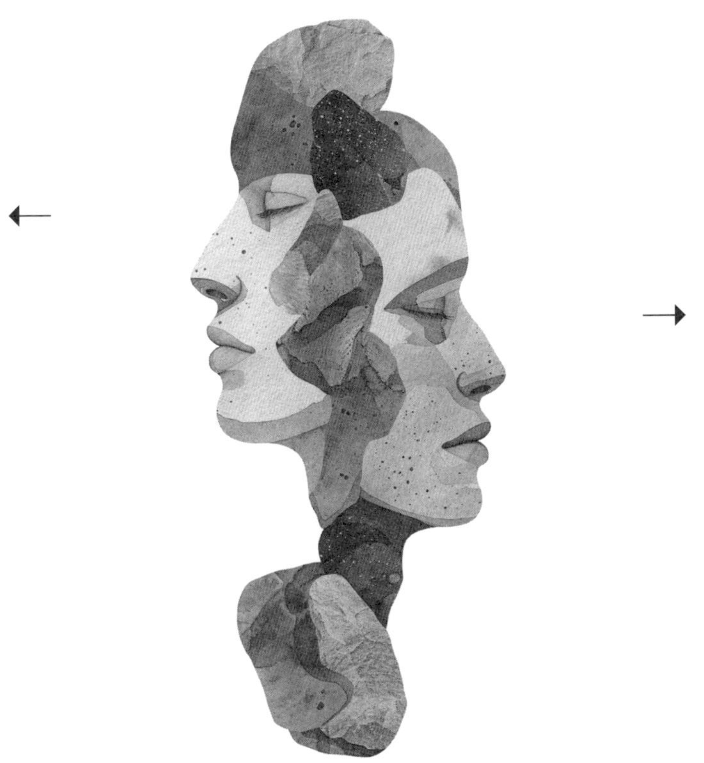

NO SELF NO PROBLEM

마지막에 가면, 모든 것이 다 괜찮아질 것이다.

-라마나 마하리쉬

마지막에 가면, 모든 것이 다 괜찮아질 것이다.

-라마나 마하리쉬

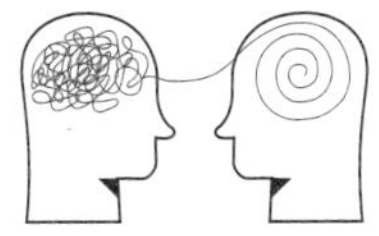

숨바꼭질

설화

매 학기마다 적어도 한 번 이상 꼭 받는 질문이 있다. 손을 든 학생은 눈에 띄게 불안해하며 이렇게 묻는다. "만약 저의 좌뇌에 있는 에고가 허구적 존재라면, 진짜 '나'는 대체 누구인가요?" 학생들에게 했던 대답을 이제 당신에게 전하려 한다. 하지만 그 전에 꼭 짚고 넘어가고 싶은 점이 있다. 이런 질문을 하는 건 언제나 좌뇌, 에고라는 점이다. 에고는 확실하게 결론 내리는 것을 너무나 좋아한다. 끝없이 '이 모든 것에 대해 계속 생각하고 있어야' 하기 때문이다. 그러므로 이런 질문은 바로 자아가 이야기를 계속 만들어 내고 유지하고 강화하는 과정에 불과하다.

우뇌는 어쩌면 이미 답을 알고 있을지도 모른다. 또는 애초에 그런 질문에 전혀 신경 쓰지 않을 것이다. 또 하나의 가설은, 진짜 '나'는 미스터리를 사랑한다는 것이다. '내가 누구인지' 명확히 정의할 수 없어도 괜찮다고 여기면서. 뭐가 맞든 양쪽 뇌가 모두 좋아할 만한 답변을 시작해 보겠다. 바로 '옛날이야기'를 통해서 말이다.

동양에는 여러 명의 스승이 언급한 고전적인 이야기가 있다. 바로 숨바꼭질 설화다. 대략적인 줄거리는 이렇다. 태초에 신이 있었다. 오직 신밖에 없었기에 신은 자기 말고 함께 놀 상대가 없었다. 신은 심심해서 숨바꼭질 놀이를 만들었다. 하지만 이 놀이를 하려면 스스로 자기가 아닌 척하는 수밖에 없었다. 한마디로 내가 누구인지 잊어야만 가능한 놀이인 것이다. 그리하여 신은 자신을 잊고 우리들 한 명 한 명이 되었다. 때로는 끔찍한 경험을 겪기도 했지만, 한 명 한 명의 모험을 모두 경험하기 위해서 신은 우리가 만들어 내는 연극에 참여하며 일부러 길을 헤맸다. 최악의 고통이 찾아온대도 이는 한낱 악몽에 지나지 않는다. 신이 꿈에서 깨어날 때 연극은 끝난다.

당신이 신이라면 어떨까? 모든 것을 알고 있고, 어떤 것이든 할 수 있고, 존재 자체가 영원한 지복이라면. 그렇다면 당신은 계속 그 상태로 존재하고 싶을까? 그보다 재미있게 사는 방법이 자신이 아닌 존재가 되어 숨바꼭질하듯 사는 방법뿐이라면? 어느 순간 '진정한 나를 찾아서'라는 게임이 시작될 것이고, 그 과정에서 엄청난 드라마와 설렘이 펼쳐질 것이다. 물론 이것이 게임이라는 사실을 몰라야 한다. 그렇지 않으면 이 모든 건 성립되지 않을 테니까.

어떤 갈등도, 악당도, 극복해야 할 난관도 없는 영화가 있다면 어떨까? 등장인물들은 어떤 목표도 없고 이뤄야 할 숙제도 없다. 모든 것이 아무 문제가 없다. 영화 속 인물들은 명상에 잠긴 채 앉아 있거나 아름다운 자연 속을 거닐거나 서로 얼싸안고 행복해한다. 이런 영화는 상상하기도 어렵고, 있다 해도 사람들이 좋아할 리 만무하다. 최고의 배우와 엄청난 특수 효과를 동원한다 해도 아마 기록적인 '폭망작'이 될 것이 뻔하다.

자신이 소유한 카지노에서 도박을 한다면 재미있을까?

그럼 진짜 '승리'를 경험할 방법은 없다. 돈을 따든 잃든 다 내 돈이기 때문이다. 재미를 느낄 유일한 방법은 당신이 주인이라는 사실을 잊는 것이다. 오직 그때만, 따면 쾌재를 부를 것이고 잃으면 비탄에 잠길 것이다. 비록 둘 다 아무 문제가 안 될지라도 말이다.

바로 이런 일이 지금 우리에게 일어나는 일의 본질이라고 말하면, 이상하게 들릴까? 하지만 내 생각에는, 아니 내 느낌으로는 이 이야기가 존재의 본질을 가리키고 있다고 본다. 만일 전지전능하고 영원한 힘이 존재한다면, 바로 이 순간 우리에게 일어나고 있는 그런 일을 하리라. 전지전능한 술래로부터 숨기 위해 지금 이 순간 책을 읽고 있는 당신 같은 수십억의 화신이 되어 존재를 감춘다. 자신의 본질을 잊고 살아가면서, 동시에 모든 것이 완벽한 조화를 이루고 있음을 깨닫는 것이다.

모든 놀이와 모든 모험에는 극복해야 할 도전이나 맞서 싸우고 파괴해야 할 악의 세력이 필요한 법이다. 기독교는 그것을 악惡 또는 죄罪라 부르고, 불교는 탐貪, 진瞋, 치癡, 삼독三毒이라 부른다. 프로이트는 이드id라 부르고 융은 그림자shadow라 부른다. 무엇이라 부르든 본질은 같다. 삶이라는 놀이와 끝없이 펼쳐지는 신비를 추구하는 우주라는 거대한 옷감에 정교하게 짜여 들어간 무늬 같은 것이다.

어떤 게임이든(우주적 규모의 게임일지라도) 거기에는 패배의 가능성이 있어야 한다. 그것도 아주 '생생한' 패배 말이다. 그렇지 않으면 게임은 성립할 수 없다. 최고의 게임은 삶과 죽음의 게임이다. 만약 죽음이 생생하지 않다면 그 게임은 아무 의미가 없다. 죽음이 없다면 우리는 삶이라는 게임에 금세 흥미를 잃을 것이다.

아들이 어렸을 때 내가 괴물인 척하고 아들을 쫓아다닌 적이 있다. 아들은 끝없이 비명을 지르고 깔깔 웃으며 도망갔다. "괴물이 날 잡으러 와요!" 또, 아들의 몸을 잡고 떨어뜨릴 듯한 자세를 취하며 '제발 날 놔 주지 마세요.' 놀이도 했다. 둘 다 신나게 웃으며 조금씩 더 아슬아슬하게 기울이면, 게임은 점점 더 흥미진진해진다. 이런 장난이 심각함을 쏙 빼 버린 드라마의 초기 형태다. 그런데 우리는 어른이 되면서 이 드라마를 진지하게 받아들이기 시작한다. 원래 드라마의 본질은 즐기기 위한 것이었는데 말이다.

어른이 되면 괴물은 상당히 사실적이다. 재정적 파산, 외로움, 실직, 질병, 그리고 죽음. 이젠 괴물이 우릴 '잡아먹을 수 있다'고 정말로 믿기 시작한다. 그리고 그로 인해 피폐해진다. 어린 시절엔 안전장치가 되어 있고 웃음을 멈출 수 없던 게임이었는데 이제는 스트레스, 우울, 불안으로 변해 버렸다. 몸은 점점 늙고 자아 정체성은 더욱 단단해지면서 정신적 고통이 커져만 간다.

한번 생각해 보자. 삶이라는 게임에서 '승리'라는 것이 애초에 이것이 단지 게임일 뿐이며, 그 게임의 설계자가 나 자신임을 경험적으로 알아차리는 것이라면? 여기서 중요한 건 이 발견이 경험적이어야 한다는 것이다. 그리고 바로 그런 일이 붓다, 노자, 그리고 다른 고대의 스승들에게 일어난 일 아닐까? 그들은 자기와의 동일시가 무너졌고, 그와 함께 자아에 매달리며 생겼던 정신적 고통도 사라졌다.

정신적 고통에 일말의 장점이 있다면, 아마도 이 게임, 이 존재라는 장대한 드라마에서 깨어나도록 자극하는 것이리라. 불교에서 말하듯 "진흙탕이 없다면 연꽃도 없다." 붓다는 왕자로 태어나 고통을 모르는 환경에 있었지만 진리 탐구를 위해 모험의 길을 선택했다. 그가 떠나지 않았다면 통찰은 얻지 못했으리라. 당신 또한 삶에서 경험한 모든 고통을 통해, 지금 이 순간 이 자리에 있는 것이리라.

이 우주적 규모의 게임을 플레이하는 몇 가지 명쾌한 방법을 안내하며 마무리하겠다.

세 가지
삶의 전략

게임을 플레이하는 첫 번째 선택지는, 이 책에서 제시한 모든 내용을 잊고 좌뇌가 진짜 나라고 계속 믿는 것이다. 당신은 자신의 정체성을 계속 유지한 채, 우리가 현대 사회라고 부르는 이 거대한 연극에서 역할을 계속 수행한다. 범주와 해석이 지배하는 이 연극에서는 좋은 날도 있지만 나쁜 날도 있다. 친구도 있지만 적도 있다. 승리하기도 하지만 패배하기도 한다. 승리의 짜릿함도 있지만 패배에 대한 불안도 있는 것이다. 마치 게임이 아닌 것처럼 끔찍할 정도로 심각하고 절박한 태도로 게임에 임한다.

물론 이 접근법에는 어느 정도 불리함이 존재한다. 삶은 정말 짧다. 죽음과 질병은 강력한 적이다. 그리고 가능한 한 오래, 최대한 열심히 일해야 한다. 그래야 물질적이든 영적이든 가능한 한 많은 점수를 얻을 테니 말이다. 대부분의 사람들이 세상이라는 무대의 배경에 엑스트라 역할을 맡게 되겠지만, 스타덤에 오를 가능성은 언제나 있으며 그것을 위해 많은 사람이 고통을 감내할 것이다. 이 선택에 잘못된 점은 없다. 이것은 과거부터 현재까지 지구에서 가장 인기 있는 선택지였다. 이제껏 소개한 개념들에 완전히 무지한 사람들에게는 오히려 적합한 방식일지도 모른다. 그들의 좌뇌는 이 역할을 훌륭하게 수행 중이니 칭찬받아 마땅하다.

두 번째 선택지는 첫 번째와 완전히 반대 극단으로 간다. 우뇌와 관련된 것들을 전심전력으로 추구하는 이른바 깨달음의 길이다. 이 선택은 인류의 위대한 영적 전통을 이어 온 수많은 성자, 스승, 수도승, 그리고 부처님이 걸어간 길을 따르는 것이다. 명상, 마음챙김, 기도, 요가, 연민, 감사, 그리고 우주 만물이 서로 떨어질 수 없음에 대한 깊은 이해, 이 모든 것을 잊지 않으려는 태도는 아주 좋은 출발점이다. 궁극적으로 어떻게 '거기에 도달하는가'는 신비에 가깝고 말로 표현이 불가능하겠지만 앞서 도달했던 자들이 남긴 여러 힌트와 이정표가 존재한다. 만일 이 길이 당신의 소명이라 느낀다면, 정중히 예를 갖춰 당신에게 경의를 표하는 바이다. 그 여정에 축복이 함께하길 빈다.

세 번째 선택지는 이른바 중도라고 불리는데, 앞의 두 가지 길에 한 발씩 걸친다. 이 길을 선택하면 게임을 딱 재미있을 만큼만 진지하게 받아들인다. 아이가 축구 게임에서 이기면 함께 기뻐하고, 승진에서 탈락하면 슬픔도 느낀다. 하지만 어떤 경우에도 그 감정에 너무 깊이 빠지지는 않는다. 왜냐하면 모든 감정에는 늘 옅은 미소가 깃들어 있기 때문이다. 패배 없이 승리는 있을 수 없고, 모든 승리는 궁극적으로 패배가 있어야 가능하다는 사실을 잘 이해하고 있다는 미소다.

이 중도에 선 당신은 가판대에 놓인 삼류 잡지를 바라보며, 그것이 가십거리이자 인간의 창의성과 영성이 표현된 결과물이라는 것을 안다. 운전하는 당신 앞을 누군가 갑자기 끼어들면 불같은 화가 올라오면서도, 속으로는 이 우스운 상황에 웃음을 터뜨린다. "자아가 없으면 어떤 문제도 없다."라는 상태를 온전히 수용하다가도, 불과 몇 분 뒤 동료가 당신을 못 본 척 지나가면 또다시 자아가 고개를 드는 것을 느낀다.

사실 당신은 이미 딱 이런 방식으로 게임을 즐기고 있을지도 모른다. 명상을 할 때는 지금 이 순간에 집중하며 영적으로 단단히 뿌리박고 있음을 느끼다가도, 커피가 떨어진 것을 발견하면 자아가 다시 튀어나와 짜증을 부린다. 요가 수업을 받고 고양된 기분을 느끼다가도, 주차장에서 누군가 당신 차에 흠집을 낸 걸 보고 불같이 화를 낸다. 이렇듯 마음의 교묘한 작용을 딱히 집착 없이 바라보는 것이 일종의 현대판 중도라고 할 수 있다.

당신이 어떤 선택을 하든, 이 책을 읽고 좌뇌의 해석 장치가 어떤 식으로 작동하는지 이해하게 되기를 바란다. 그럼 당신은 전보다 덜 심각해질 것이고, 마음의 고통도 훨씬 줄어들 것이다.

인생을 살면서 뭔가를 바꾸기 위해 필사적으로 애쓰거나 미래에 어떤 사람이 되겠다고 용을 쓰지도 않을 것이다. 애쓰는 문제가 대부분 좌뇌가 만들어 낸 이미지라는 것을 이제 당신은 알고 있기 때문이다. 그리고 문제를 뛰어넘더라도 또 다른 문제가 끊임없이 만들어진다는 것 역시 당신은 알고 있다. 이것은 엄격한 영적 수행을 추구하는 사람에게도 해당되는 이야기다. 전 하버드대학교의 교수이자 현재는 람 다스Ram Dass로 알려진 리처드 앨퍼트Richard Alpert는 이렇게 말했다. **"모든 영적 수행은 환상에서 벗어나기 위해 만들어진 또 다른 환상일 뿐이다."**

중도 위에선 내가 이미 완벽하고 평화롭다는 것을 안다. 좌뇌 해석 장치에게는 현실을 바꿀 힘이 없단 걸 알기 때문이다. 그건 신기루일 뿐이다. (비록 당신의 좌뇌가 지금 당장은 이의를 제기할 것이 분명하지만 말이다.) 이런 식으로 생각해 보자. 공장 위로 피어오르는 연기가 공장에서 만들고 있는 상품을 바꿀 수 있을까? 소설 속 명탐정 셜록 홈즈가 현실 세계의 문제를 해결할 수 있을까? 이 원리를 납득하면 그때부터 '나는 언제나 지금 이 순간 있어야 할 자리에 있고, 해야 할 일을 하고 있었음'을 깨닫는다.

그러니 책에서 제공하는 몇몇 체험이 '당신'을 좌뇌로부터 빠져나오게끔 도움을 준다고 쳐도, 진짜 당신은 애초에 좌뇌에 휘둘린 적도 없고 어쩌면 조금도 걱정하지 않고 있을지도 모른다. 이런 말이 좌뇌에게는 모순적이고 절망적일 테지만 당신에게는 현실의 유희적 본질을 직접 느끼는 계기가 될 것이다. 신이 숨바꼭질을 하게 된 그 이야기를 통해서 말이다.

사람들이 공포 영화를 보고 롤러코스터를 탈 수 있는 이유는 사실 안전하다는 걸 알기 때문이다. 이와 같이 우주적 의식은 모든 것이 안전하다는 것을 이미 알고 있다. 좌뇌가 끔찍한 비극이라고 여기는 일조차 말이다. 만일 당신이 무엇이든 할 수 있고 무엇이든 알고 있는 의식이라면 슬픔도, 상실감도, 불안도, 놀람도, 다음에 무슨 일이 벌어질지 모를 때 느끼는 설렘도 직접 느껴 볼 수 없을 것이다. 모든 것을 아는 의식은 농담을 즐길 수도 비극에 눈물지을 수도 없다. 그래서 의식은 오직 게임을 통해 경험할 수 있는 모든 경험을 맛본다. 그리고 그렇게 할 유일한 방법은 의식이 자신의 진정한 본성을 잊고 우리 안에 숨는 것이다. 당신이 이 세상의 모든 것을 경험하고 싶다면, '소설 속 자아들'을 창조해서 그것에 몰입하고, 늘 갖지 못한 것을 갈구하며 살도록 스스로를 프로그래밍하면 된다.

그냥 마시는 물보다 사막에서 10킬로미터를 헤맨 후 마시는 한 잔의 물이 수십 배는 더 만족스러운 법이다. 마찬가지로 모든 것이 분리되어 있다는 환상 속을 한참 동안 헤매다가, 실은 모든 것이 서로 연결되어 있다는 사실을 알아차렸을 때의 깨달음이 훨씬 끝내주지 않겠는가. 이것이 이 게임의 재미다. 그리고 그게 바로 깨어남이 주는 즐거움이다.

이 게임은 일종의 특권이자 모험이다. 때로는 코미디이고 때로는 비극이다. 전체는 하나의 거대한 옷감에 짜여 들어간 무늬 같아서, 어느 한 가지만 쏙 빼서 경험할 수는 없다. 모든 조각이 얽혀서 서로를 정의하고, 서로가 서로를 존재하게 한다. 어쩌면 '진짜 당신'은 이 원리를 완벽하게 알고 있을 것이다. 애초에 이 옷감을 짠 장본인이 바로 당신이니까 말이다. 이 책이 제 역할을 다했다면, 지금 이 순간 도달해야 할 곳도 없고 해야 할 것도 없다는 사실을 당신에게 안내했으리라. 왜냐하면 당신은 이미 그곳에 있고 이미 그것을 하고 있기 때문이다. 물론 '진짜 당신'은 어디에도 존재하지 않으며, 그 무엇도 한 적이 없다. 혹은 모든 곳에 존재하며 모든 것을 한다.

이것 또한 훌륭한 공안公案이다. 이것을 잡고 명상해 보지 않을 텐가?

"나는 누구인가?"에 관한 새로운 질문들

다양한 영적 전통에서 자신에게 던지는 가장 강력한 질문이 있다. 바로 '**나는 누구인가?**'라는 물음이다. 이 질문에 답할 땐 이름을 붙이거나 남과 비교하거나 분류하는 등 좌뇌가 사용하는 방식은 쓰지 않는다. 대신 당신의 내면에 집중하며 '나'라는 생각의 근원을 찾을 수 있는지 살펴보는 것이다. 꼭 명상 중 시도하지 않아도 괜찮다. 하루 중 단 몇 초라도 진심으로 시도해 본다면 충분히 의미가 있다. 한 가지 팁이 있다면, 이 질문의 답이 생각의 형태라기보다는 느낌으로 다가올 수 있다는 것이다. 그리고 그 느낌은 우리를 둘러싼 여백과 침묵 속에서 발견되는 그것과 같다.

이 과정에서 곰곰 생각해 볼 수 있는 질문들은 다음과 같다.

- 나는, 부모님이 주신 이름인가?

- 나는, 내가 타고난 성별인가?

- 나는, 나의 직업인가?

- 나는, 내가 갖는 사회적 역할인가?

- 나는, 사회에서 얘기하는 나의 나이인가?

- 나는, 사회에서 정의한 나의 지능 지수인가?

- 나는, 내가 받은 교육 수준인가?

- 나는, 사람들이 바라보는 나의 육체인가?

- 나는, 내 머릿속 생각인가?

- 나는, 나에게 간직된 기억인가?

- 나는, 내가 좋아하는 것들인가?

- 나는, 나의 욕망인가?

- 나는, 나의 감정인가?

- 나는, 나의 신념인가?

- 나는, 나의 정서적 반응인가?

- 나는, 내가 기대하는 어떤 것인가?

- 나는, 내 마음속에 상영되는 영화인가?

- 나는, 풀리지 않는 미스터리인가?

진짜 나는 어떤 말로도 규정될 수 없다. 범주, 이름표,

신념, 감정, 그 밖에 '알려진' 어떤 것으로도 말이다.

이 책의 번역 작업을 할 당시에는 내용이 상당히 흥미로워서 시간 가는 줄 모르고 했던 기억이 납니다. 마음에 대한 심리학적 해석이나 실험, 그리고 동서양의 영적 전통에서 얘기하는 설명들에 유난히 관심이 많았던지라, 나이 바우어 교수님의 말씀은 어떤 확신과 만족감을 주었지요.

이후에도 가끔 또 다른 번역 작업을 하고, 의사로서의 삶도 계속 이어 나가던 중, 저에게도 결코 잊을 수 없는 경험이 일어났습니다. 명상 상태에서 불현듯 개별적인 자아, 즉 "나"가 허상임이 확연히 "목격"되었어요. 그 상황의 구체적인 묘사나 서사는 사람마다 제각각일 테지만, 그것은 그동안 무수한 책에서 보고 머리로 이해하고 고개를 끄덕였던 바로 그 내용을 몸소 체험하는 경험이었습니다. 그 경험

은 비가역적이어서 이후로는 예전처럼 "나"와의 강한 동일
시가 일어나는 일이 점차 줄어들었습니다. 머릿속 소설로
고통받던 일도 점차 줄어들고, 삶이 더 쉽고 더 물 흐르듯
이어지는 경험이었습니다. 이것이 모종의 깨달음인지 아닌
지는 저도 잘 모르겠습니다. 그것을 구분해야 할 필요성도
느껴지지 않습니다. 다만 그 찰나의 경험이 이후의 삶을 완
전히 바꿨다는 것은 분명했습니다.

책을 다시 출간한다는 말씀을 전해 듣고 오랜만에 꺼
내 읽어 보았습니다. 분명한 사실들, 당연한 결론들, 그리고
현명한 처방과 실습들, 오래된 영적 가르침의 관점과 새로
운 심리학적 관점이 서로 결이 맞음을 목격하는 것에서 오
는 기쁨. 번역하며 느꼈던 즐거움이 똑같이, 하지만 무엇인

가 순리인 듯 느껴졌습니다. 이 책에 관심이 가는 독자분들이라면 같은 곳을 바라보고 같은 길을 함께 가는 여행의 길동무라 여겨집니다. 부디 머리로 생각으로만 즐기지 마시고 저자가 제시하는 실천적 방법들을 한번 해 보시길 권합니다. 이 길에 뛰어남과 모자람이 있다고 생각하지 않습니다. 결국, 모든 이들이 목적지에 도착할 것이고, 그 여정에서 서로 다른 위치 서로 다른 경험을 즐기고 있을 뿐이지요. 결국 모든 이가 부처이고, 판단과 해석을 빼면 남는 것은 조건 없는 사랑과 자비뿐일 겁니다.

책 말미에 나이바우어 교수님의 "중도"에 대한 해석은 흥미롭습니다. 정말로 "중도"를 제대로 묘사한다는 느낌입니다. 독자분들에게 이 책이 새로운 여정의 방향을 제시해 주거나, 걸어온 여정에 확신을 주거나, 또는 어떤 모종의 깨달음의 매개체가 되어 주거나, 실천적 돌파구를 찾게 되는 계기가 되었으면 하는 바람입니다. 그래서 작가가 얘기하는 "중도"의 즐거움을 만끽하는 우리가 되었으면 합니다.

2026년을 맞이하며,
번역가 김윤종 올림

서문

1 동양 사상과 물리학의 관계에 대해 언급한 인기 있는 초기의
책들 중 하나는 다음과 같다.《현대 물리학과 동양사상(The
Tao of Physics)》, 프리초프 카프라(Fritjof Capra), 1975.

2 《달라이 라마, 과학을 만나다(Consciousness at the Crossroads)》,
자라 호우쉬만드(Zara Houshmand) 외, 1999. 이 책은 달라이
라마와 일단의 저명한 신경과학자, 신경정신과 의사들 간 대
담의 결과물이다.

3 Kaul, P., Passafiume, J., Sargent, C. R., and O'Hara, B. F.
(2010). "Meditation acutely improves psychomotor vigilance,
and may decrease sleep need." Behavioral and Brain
Functions 6: 47.

4 명상이 뇌에 미치는 영향에 대한 사라 라자르의 강의를 직접 듣고 싶다면 다음을 참고하시라. "How Meditation Can Reshape Our Brains: Sara Lazar at TEDxCambridge 2011." https://youtu.be/m8rRzTtP7Tc

5 태극권에 대한 논문은 이제 너무나 많아져서 수많은 과학적 논문들(107개에 달하는)에 대한 고찰을 다룬 논문까지 생겨날 지경이다: Solloway, M. R., Taylor, S. L., Shekelle, P. G., Miake - Lye, I. M., Beroes, J. M., Shanman, R. M., and Hempel, S. (2016). "Anevidence map of the effect of Tai Chi on health outcomes." Systematic Reviews 5(1).

6 Bussing, A., Michalsen, A., Khalsa, S. B. S., Telles, S., and Sherman, K. J. (2012). "Effects of yoga on mental and physical health: A short summary of reviews." Evidence-Based Complementary and Alternative Medicine: eCAM, 165410. http://doi.org/10.1155/2012/165410

7 Villemure, C., Čeko, M., Cotton, V. A., and Bushnell, M. C. (2015). "Neuroprotective effects of yoga practice: Age-, experience-, and frequency-dependent plasticity." Frontiers in Human Neuroscience 9: 281. http://doi. org/10.3389/fnhum.2015.00281

8 Creswell, J. D. (2015) "Biological pathways linking mindfulness with health." Eds. Brown, K. W., Creswell J. D., and Ryan, R. Handbook on Mindfulness Science. Guilford Publications, New York, NY; Creswell, J. D., Taren, A., Lindsay, E., Greco, C., Gianaros, P., Fairgrieve, A., Marsland, A., Brown, K., Way, B., Rosen, R., and Ferris, J. (2016). "Alterations in resting state functional connectivity link mindfulness meditation with reduced interleukin-6: a randomized controlled trial." Biological Psychiatry;DOI: 10.1016/j.biopsych.2016.01.008.

들어가며

1 Morin, A. (2010). "Self-recognition, theory-of-mind, and selfawareness: What side are you on?" Laterality, 16(3): 367–83.

2 Wei, W. W. (1963). Ask the Awakened: the Negative Way. Sentient Publications.

3 신경과학자 팀 크로우(Tim Crow)가 이야기했듯, "뇌가 좌우 반구로 나누어져 기능한다는 점을 고려하지 않는다면, 인간 심리학에서 어떤 의미도 있을 수 없다." 다른 말로 하면, 우리

가 진정으로 어떤 존재인가를 이해하는 유일한 방법은 뇌의 오른쪽, 왼쪽을 나누어 살펴보는 것이다.

1장

1 좌뇌 해석 장치에 대해 설명하고 그것의 발견과 관련된 이야기에 대한 저작들이다. Gazzaniga, M. S., and LeDoux, J. E. (1978). The Integrated Mind. New York: Plenum Press; Gazzaniga, M.S. (1985). The Social Brain: Discovering the Networks of the Mind. New York: Basic Books; Gazzaniga, M. S. (1998, July). "The split brain revisited." Scientific American 279(1): 35–9.

2 Nisbett and Wilson (1977). "Telling more than we can know: Verbal reports on mental processes." Psychological Review 84: 231–59; Johansson, P., Hall, L., Sikstrom, S., Tarning, B., and Lind, A. (2006). "How something can be said about telling more than we can know." Consciousness and Cognition 15(4): 673–92.

3 Dutton, D. G., and Aaron, A. P. (1974). "Some evidence for heightened sexual attraction under conditions of high anxiety." Journal of Personality and Social Psychology 30(4):

510–17. doi:10.1037/h0037031.

4 Dienstbier, R. (1979). "Attraction increases and decreases as a function of emotion-attribution and appropriate social cues." Motivation and Emotion 3: 201–18.

5 Meston, C., and Frohlich, P. (2003). "Love at first fright: Partner salience moderates roller-coaster-induced excitation transfer." Archives of Sexual Behavior 32(6): 537–44.

6 Gazzaniga, M. S. (1985). The Social Brain: Discovering the Networks of the Mind. New York: Basic Books.

2장

1 Konnikova, M. (2013). "The man who couldn't speak and how he revolutionized psychology." Retrieved from https://blogs. scientificamerican.com/literally-psyched/the-man-who-couldnt-speakand-how-he-revolutionized-psychology/.

2 뇌의 좌우 편향성 연구의 권위자 조 헬리게의 말을 인용하자면, "언어의 많은 측면에 있어서 뇌의 좌측 반구가 주도적이란 사실은 의심의 여지가 없으며, 인지 기능의 좌우 불균형

을 설명하기 위해 이는 자주 언급된다. 뇌의 좌측 반구는 특히 일상 대화상의 언어를 구사함에 있어서 주도적이다…." (Hellige, J. B. (1993). Hemispheric Asymmetry: What's Right and What's Left. Cambridge, MA: Harvard University Press). 하지만, 이런 사실이 언어에 있어 우뇌가 맡고 있는 기능이 전혀 없다는 의미는 아니다. 비유하자면, 언어에 있어 CEO는 좌뇌에 있다. 비록 다른 몇몇 중요한 일꾼들이 우뇌에서 일하고 있지만 말이다. 예를 들면, 우뇌는 언어의 감정적인 측면에 기여한다. 따라서 우뇌에 손상을 입은 경우 대화를 할 때 감정적인 표현이 불가능해진다. 또한 우뇌에 손상을 입은 사람들은 은유나 풍자를 이해하는 것이 어렵다. 이는 언어 자체의 영역이기보다 감정의 영역이기 때문이다.

3 Morin, A. (2011). "Self-awareness, Part 2: Neuroanatomy and importance of inner speech." Social and Personality Psychology Compass 2(12): 1004-012.

4 《주인과 심부름꾼: 두뇌 속에서 벌어지는 은밀한 배신과 정복의 스토리(The Master and His Emissary: The Divided Brain and the Making of the Western World)》(2009) 맥길크리스트 교수의 TED 강의는 이곳을 보라:
https://www.ted.com/talks/iain_mcgilchrist_the_divided_
brain

5   Korzybski, A. (1933). Science and Sanity: An Introduction to
    Non-Aristotelian Systems and General Semantics. Institute of
    GeneralSemantics, 747-61.

6   Stroop, J. (1935). "Studies of interference in serial verbal
    reactions." Journal of Experimental Psychology 18(6): 643-
    662. doi:10.1037/h0054651.

7   대학원 시절 나의 은사이신 스티브 크리스트만(Steve
    Christman) 교수는 스트룹 효과에 대한 흥미로운 연구를 진
    행했다. 그는 좌뇌가 어떤 색깔의 상징(단어)을 처리하고, 우
    뇌는 실제 색깔 자체를 처리한다고 추정했다. 그리고 실험
    을 통해 실제 색깔과 상징이 일치하지 않는 경우 발생하는
    지연 현상이 뇌의 좌우 반구 사이의 연결 상태가 좋지 않을
    수록 더 적어진다는 사실을 알아냈다. 즉, 뇌의 양측이 각
    각 독립적으로 활동할수록 좌뇌의 상징(단어)이 우뇌가 실
    제 색깔을 알아맞히는 일을 덜 방해한다는 의미이다. 하지
    만 중요한 점은 좌뇌가 '노란색'이란 단어를 마치 실제 노란
    색 취급한다는 사실이다. Christman, S. (2001). "Individual
    differences in stroop and local-global processing: A possible
    role of interhemispheric interaction." Brain and Cognition
    45:97-18.10.1006/brcg.2000.1259.

8   Teicher, M., Anderson, S., Polcari, A., Anderson, C., Navalta,

C., and Kim, D. (2003). "The neurobiological consequences of early stress and childhood maltreatment." Neuroscience and Biobehavioral Reviews 27: 33–4.
이런 일이 일어날 수 있는 유일한 길은, 언어를 그것이 표상하는 실제와 동일시하는 경우밖에 없다.

9 Salzen, E. A. (1998). "Emotion and self-awareness." Applied Animal Behaviour Science 57: 299–13.

10 Loftus, E. F., and Palmer, J. C. (1974). "Reconstruction of automobile destruction: An example of the interaction between language and memory." Journal of Verbal Learning and Verbal Behavior 13: 585–89.

11 플라세보(Placebo)의 어원을 보면 "기꺼이 하겠다(I shall please)."라는 의미이며, 피험자의 믿음대로 특정 결과가 일어나는 경우를 말한다. 플라세보 효과에 대한 언급은 수백 년 전까지 거슬러 올라가지만, 연구 논문에 "플라세보 효과"라는 용어를 사용하게 된 것은 1950년대부터이다. Beecher, H. K. (1955). "The powerful placebo." JAMA 1955; 159(17):1602–606. doi:10.1001/jama.1955.02960 340022006.

12 최근 연구들에서는 항우울제의 광범위한 사용과 그 효과가 많은 부분 플라세보 효과에 의한 것은 아닌가 하는 의문을

제기한다. Kirsch, I. (2008). "Challenging received wisdom: Antidepressants and the placebo effect." McGill Journal of Medicine : MJM 11(2): 219-22.

13 Benedetti, Fabrizio, Carlino, Elisa, and Pollo, Antonella (2011). "How placebos change the patient's brain." Neuropsychopharmacology: Official Publication of the American College of Neuropsychopharmacology 36: 339-54. 10.1038/npp.2010.81.

14 Alia-Klein, N., Goldstein, R. Z., Tomasi, D., Zhang, L., Fagin-Jones, S., Telang, F., Wang, G. J., Fowler, J. S., and Volkow, N. D. (2007). "What is in a Word? No versus yes differentially engage the lateral orbitofrontal cortex." Emotion (Washington, D.C.) 7(3): 649-59. http://doi.org/10.1037/1528-3542.7.3.649

15 이 책은 공안에 관한 고전이다. Hori, V. (2003). Zen Sand: The Book of Capping Phrases for Kōan Practice. University of Hawaii Press.

3장

1   우뇌에 패턴 인식 능력이 없다고 말하려는 것이 아니다. 사실 분리뇌 연구의 초창기에서조차, 우뇌에게 숟가락이라는 단어를 언뜻 보여 주면, 좌측 손을 사용하여 숟가락을 고르는 모습을 보여 주었다. 문제는 수준의 차이다. 좌뇌가 패턴 인식계의 요한 세바스찬 바하라면, 우뇌는 고작해야 직장인 밴드다. 그러나 이 불균형은 인간으로서 경험할 여정에서 중요한 역할을 담당하고 있다. 어쩌면 인간의 삶이 독특한 이유가 될 수도 있지 않을까 싶다.

2   Taylor, I., and Taylor, M. M. (1990). Psycholinguistics:Learning and Using Language. Pearson, 367; Gebauer, D., Fink, A., Kargl, R., Reishofer, G., Koschutnig, K., Purgstaller, C., et al. (2012). "Differences in brain function and changes with intervention in children with poor spelling and reading abilities." PLoS ONE 7(5): e38201. https://doi.org/10.1371/journal.pone.0038201

3   Booth, J. R., and Burman, D. D. (2001). "Development and disorders of neurocognitive systems for oral language and reading." Learning Disability Quarterly 24: 205–15.

4   Rorschach, H. (1924). Manual for Rorschach Ink-blot Test.

Chicago: Stoelting.

5 Wolford, G., Miller, M. B., and Gazzaniga, M. (2000). "The left hemisphere's role in hypothesis formation." The Journal of Neuroscience 20.

6 Tucker, D. M., and Williamson, P. A. (1984). "Asymmetric neural control systems in human self-regulation." Psychological Review. 91: 185-15.

7 Krummenacher, P., Mohr, C., Haker, H., and Brugger, P.(2010). "Dopamine, paranormal belief, and the detection of meaningful stimuli." Journal of Cognitive Neuroscience 22:1670-681. 좌뇌는 실제로는 없는 무엇을 보는 데 탁월할 뿐만 아니라, 자아 또는 에고라는 이미지를 창조하기도 한다. 참으로 흥미롭지 않을 수 없다.

8 Whitson, J., and Galinsky, A. (2008). "Seeing patterns when there is nothing to see." Science: 115-17. doi: 10.1126/science.1159845.

9 Simonov, P. V., Frolov, M. V., Evtushenko, V. F., and Sviridov, E. P. (1977). "Effect of emotional stress on recognition of visual patterns." Aviation, Space, and Environmental Medicine

48: 856-58.

10 Proulx, T., and Heine, S. J. (2010). "The frog in Kierkegaard's beer: Finding meaning in the threat-compensation literature." Social and Personality Psychology Compass 4(10):889-05. http://dx.doi.org/10.1111/j.1751-9004.2010.00304.x

4장

1 Jill Bolte Taylor. "My stroke of insight." TED Talk. http://www.ted.com:80/talks/jill_bolte_taylor_s_powerful_stroke_of_insight

2 뇌의 양측 반구가 어떻게, 왜 다른지를 다루는 책 중에서 현재까지 가장 중요한 책이라고 할 수 있다. 《주인과 심부름꾼》, 이언 맥길크리스트(Iain McGilchrist), 2009.

3 경로(pathway)란 무엇이고 어디에 존재하는가에 대한 원조 격인 연구다. Mishkin, M., and Ungerleider, L. (1982). "Contribution of striate inputs to the visuospatial functions of parietopreoccipital cortex in monkeys." Behavioral Brain Research. 6 (1): 57-7. 시각적 환상을 사용하는 계(system)에는 어떤 것이 있으며 어디에 있는가에 대한 좀 더 최근의 연

구는 다음과 같다. Goodale, M.A., and Milner, A.D. (1992). "Separate visual pathways for perception and action." Trends in Neuroscience 15(1): 20–; Milner, A. D., and Goodale, M. A. (1995). The Visual Brain in Action. Oxford: Oxford University Press.

4 《몰입(Flow)》, 미하이 칙센트미하이(Mihaly Csikszentmihalyi), 1990

5 《라마찬드란 박사의 두뇌 실험실(Phantoms in the Brain)》, 빌라야누르 라마찬드란(Vilayanur S. Ramachandran), 샌드라 블레이크스리(Sandra Blakeslee) 공저, 1998.

5장

1 Klein, M. (1981). "Context and memory." In L. T. Benjamin Jr. and K. D. Lowman (eds.), Activities Handbook for the Teaching of Psychology (p.83). Washington, DC: American Psychological Association.

2 "기억력 증진(chunking)" 및 단기 기억과 관련된 원조 연구는 다음과 같다. Miller, G. A. (1956). "The magical number seven, plus or minus two: Some limits on our capacity for processing

information." Psychological Review 63: 81-7.

3 의미와 관련짓는 과정이 기억력에 미치는 영향에 대한 원조 논문 중 하나다. Craik, F. I. M., and Tulving, E. (1975). "Depth of processing and the retention of words in episodic memory." Journal of Experimental Psychology:General 104: 268-94.

4 《죽음의 수용소에서(Man's Search for Meaning)》, 빅터 프랭클 (Viktor Emile Frankl), 2006.

5 Schooler J. W., Ariely D., and Loewenstein, G. (2003). "The pursuit and assessment of happiness may be selfdefeating." In J. Carrilo and I. Brocas (eds.). The Psychology of Economic Decisions. Oxford: Oxford University Press, pp. 41-70. 행복해지려 애쓰는 와중이라면, 음악이든 뭐든 간에 실제로 즐거움을 불러일으키는 어떤 것도 경험할 수 없을 것이다. 당연하게도 말이다.

6 Mauss, I. B., et al. (2011). "Can seeking happiness make people unhappy? Paradoxical effects of valuing happiness." Emotion 11: 807. 이 논문에서는 행복을 긍정적 감정이 넘치는 것으로 정의한다. 그렇다면 의미(meaning)와 행복이 서로 다른 것임은 자명하다.

7   Yang, J. (2014). "The role of the right hemisphere in metaphor comprehension: A meta-analysis of functional magnetic resonance imaging studies." Human Brain Mapping 35.10.1002/hbm.22160.

8   Kozak, A. (2016). Wild Chickens and Petty Tyrants: 108 Metaphors for Mindfulness. Wisdom Publications.

9   Mitchell, E. (2008). The Way of the Explorer, Revised Edition: An Apollo Astronaut's Journey Through the Material and Mystical Worlds. New Page Books.

6장

1   James, W. (originally published 1890; reprinted in 1950). The Principles of Psychology. New York: Dover.

2   맨건 교수는 가장자리 의식(fringe)이 큰 그림(big picture)을 나타낸다는 개념을 도입했다. 그리고 그 그림이 너무 커서 일상적인 의식이 인지하기가 어렵다고 생각했다. Mangan, B. (2001). "Sensation's ghost: The non-sensory 'fringe' of consciousness." PSYCHE 7(18). http://psyche.cs.monash.edu.au/v7/psyche-7-18-mangan.html

3 Maril, A., Simons, J. S., Weaver, J. J., and Schacter, D. L. (2005). "Graded recall success: An event-related fMRI comparison of tip of the tongue and feeling of knowing." NeuroImage 24(4): 1130-138.

4 https://www.psychologytoday.com/us/blog/radical-remission/201405/the-science-behind-intuition

5 Bechara, Antoine, Damasio, Hanna, Tranel, Daniel, and Damasio, Antonio R. "Deciding advantageously before knowing the advantageous strategy." Science; Vol. 275, Iss. 5304 (Feb. 28, 1997): 1293-295.

6 https://www.psychologicalscience.org/news/minds-business/intuition-its-more-than-a-feeling.html

7 Lufityanto, G., Donkin, C., and Pearson, J. "Measuring intuition: nonconscious emotional information boosts decision accuracy and confidence." Psychological Science. https://doi.org/10.1177/0956797616629403

8 실험에서 사진은 우측 눈 또는 좌뇌에 보인다. 참가자들이 분리뇌 환자는 아니었기에 정보가 반대편 반구로 전달되었을 것이다. 분리뇌 환자들을 대상으로 똑같은 실험을 진행했더

라면 같은 결과가 나왔을지 궁금하다.

9 《EQ 감성지능(Emotional Intelligence: Why It Can Matter More Than IQ)》, 대니얼 골먼(Goleman, D.), 1995.

10 Goleman, D. (2011). The Brain and Emotional Intelligence: New Insights. Florence, MA. More Than Sound.

11 Niebauer, C. (2004). "Handedness and the fringe of consciousness: Strong handers ruminate while mixed handers self-reflect." Consciousness and Cognition 13: 730－45.10.1016/j.concog.2004.07.003.

12 Olatunji, B. O., Lohr, J. M., and Bushman, B. J. (2007). "The pseudopsychology of Venting in the treatment of anger: Implications and alternatives for mental health practice." In T. A. Cavell and K. T. Malcolm (eds.), Anger, Aggression and Interventions for Interpersonal Violence (pp. 119－41). Mahwah, NJ, US: Lawrence Erlbaum Associates Publishers. 논문에서 저자들은 이렇게 말한다. "연구에 연구를 거듭해도 결론은 똑같았다. 분노를 표출한다고 공격적인 성향을 누그러뜨리는 데에 하등 도움이 되지 않았다. 오히려 상황을 점점 더 악화시킬 뿐이었다."

13 Zahn, R., Moll, J., Paiva, M., Garrido, G., Krueger, Fl, Huey, E., etal. (2008). "The neural basis of human social values: evidence from functional MRI." Cerebral Cortex. 19:276-83.

14 감사에 관한 모든 연구에서 우뇌가 더 큰 역할을 한다는 식으로 단순하게 말하지 않는다. 하지만 이 논문처럼 그렇게 얘기하는 경우도 분명히 있다. Zahn, R., Garrido, G., Moll, J., and Grafman, J. (2014). "Individual differences in posterior cortical volume correlate with proneness to pride and gratitude." Social Cognitive and Affective Neuroscience. 9: 1676-683.

15 Emmons, R. A., and McCullough, M. E. (2003). "Counting blessings versus burdens: An experimental investigation of gratitude and subjective well-being in daily life." Journal of Personality and Social Psychology 84(2): 377-389. 이 실험은 상당히 중요한 실험이었다. 불평 대신 감사를 실천할 때 실제로 어떤 효과가 있는지 증명했기 때문이다. 저자들의 말을 인용하자면, "실험에서 도출된 결과를 보면 축복(blessings)에 의식적으로 집중했을 때 감정적으로나 대인관계에 있어서 이득이 됨을 암시하고 있다."

16 《고맙습니다(Gratitude)》, 올리버 색스(Oliver Sacks), 2015.

17 "How we read each other's minds," Rebecca Saxe at TEDGlobal 2009.
https://www.ted.com/talks/rebecca_saxe_how_brains_make_moral_judgments?utm_campaign=tedspread--a&utm_medium=referral&utm_source=tedcomshare.
A more detailed article reviewing her work is Saxe, R. (2010). "The right temporo-parietal junction: A specific brain region for thinking about thoughts." In Alan Leslie and Tamsin German (eds.) Handbook of Theory of Mind.

18 Goleman, D. (2011). The Brain and Emotional Intelligence: New Insights. Florence, MA. More Than Sound.

19 Mednick, S. A., and Mednick, M. T. (1967). Examiner's Manual: Remote Associates Test. Boston: Houghton Mifflin.

20 Bradbury, R. and Aggelis, S. L. (2004). Conversations with Ray Bradbury. University Press of Mississippi.

21 Lynch, D. Interview with Andy Battaglia, film.avclub.com. January 23, 2007.

22 Kahneman, D., and Tversky, A. (1972). "Subjective probability: A judgment of representativeness." Cognitive

Psychology 3(3): 430–54. doi:10.1016/0010-0285(72)90016-3; Tversky, A., and Kahneman, D. (1974). "Judgment under Uncertainty: Heuristics and Biases." Science 185(4157): 1124–131. doi:10.1126 /science.185.4157.1124.PMID 17835457.

23 Dijksterhuis, A., Bos, M. W., Nordgren, L. F., van Baaren, R. B. (2006). "On making the right choice: the deliberation-without-attention effect." https://www.ncbi.nlm.nih.gov/pubmed/16484496.

7장

1 Sheldrake, R. (1988). The Presence of the Past: Morphic Resonance and the Habits of Nature. New York: Times Books.

2 Sheldrake, R. (2003). The Sense of Being Stared At: And Other Aspects of the Extended Mind. New York: Crown Publishers.

3 Sheldrake, R. (1999). Dogs That Know When Their Owners Are Coming Home: And Other Unexplained Powers of Animals. NewYork: Crown.

4 https://www.newsweek.com/2015/11/20/meet-

formerpentagon-scientist-who-says-psychics-can-help-
american-spies-393004.html.

5 Botvinick, M., and Cohen, J. (1998). "Rubber hands 'feel'
touch that eye sees." Nature 391: 756. 10.1038/35784.

6 Ramachandran, V. S., and Altschuler, E. L. (2009). "The use
of visual feedback, in particular mirror visual feedback, in
restoring brain function." Brain Vol. 132, Issue 7: 1693–1710.
https://doi.org/10.1093/brain/awp135

7 이 현상을 좀 더 과학적으로 살펴보기 위해 심리학자 다릴 벰
(Daryl Bem)은 일련의 잘 통제된 실험들을 수행했다. 거기서
도 사람들은 컴퓨터 스크린에 다음번에 무엇이 나타날지 예
측 가능했다.
https://slate.com/health-and-science/2017/06/daryl-bem-
proved-esp-is-real-showed-science-is-broken.html or
http://news.cornell.edu/stories/2010/12/study-looks-brains-
ability-see-future

과몰입하는 좌뇌, 침묵하는 우뇌

뇌는 어떻게 나를 조종하는가

1판 1쇄 2026년 1월 21일
1판 4쇄 2026년 2월 11일

지은이 크리스 나이바우어
옮긴이 김윤종
펴낸이 이주화

기획편집 임지연
콘텐츠 개발팀 임지연, 여수진
콘텐츠 마케팅팀 안주희, 정유진
디자인 형태와내용사이

펴낸곳 (주)클랩북스 출판등록 2022년 5월 12일 제2022-000129호
주소 서울시 마포구 어울마당로3길 5, 201호
전화 02-332-5246 팩스 0504-255-5246
이메일 clab22@clabbooks.com
인스타그램 instagram.com/clabbooks
블로그 blog.naver.com/clabbooks
페이스북 facebook.com/clabbooks

ISBN 979-11-93941-57-7 (03400)

• 책값은 뒤표지에 있습니다.
• 파본은 구입하신 서점에서 교환해드립니다.
• 이 책은 저작권법에 의하여 보호를 받는 저작물이므로 무단 전재와 복제를 금합니다.

(주)클랩북스는 독자 여러분의 책에 관한 아이디어와 원고 투고를 기다리고 있습니다.
책 출간을 원하시는 분은 이메일 clab22@clabbooks.com으로 간단한 개요와 취지, 연락처 등을 보내주세요.
'지혜가 되는 이야기의 시작, 클랩북스'와 함께 꿈을 이루세요.